Cyril Alias

Global City Singapur

Die regionale und weltwirtschaftliche Rolle des Stadtstaates

GRIN Verlag

Bibliografische Information der Deutschen Nationalbibliothek:

Die Deutsche Bibliothek verzeichnet diese Publikation in der Deutschen National-
bibliografie; detaillierte bibliografische Daten sind im Internet über http://dnb.d-
nb.de/ abrufbar.

Impressum:

Copyright © 2008 GRIN Verlag GmbH
Druck und Bindung: Books on Demand GmbH, Norderstedt Germany
ISBN: 978-3-640-12154-0

Dieses Buch bei GRIN:

http://www.grin.com/de/e-book/94611/global-city-singapur

Universität Duisburg-Essen (Campus Duisburg)
Fachbereich Biologie und Geographie
Institut für Geographie (Wirtschaftsgeographie, insb. Verkehr und Logistik)

Seminar: Die Region Südostasien in der Weltwirtschaft
Wintersemester 2007/08

Cyril Alias
Logistik-Management (M.Sc.)

Inhaltsverzeichnis

I Einleitung

Im Kontext der Globalisierung taucht immer häufiger der Begriff ‚Global City' auf. Der Großteil dieser Städte, unter ihnen London, New York und Tokio, befinden sich in den Industrieländern. Als Produkt der zunehmenden Globalisierung weisen Global Cities untereinander Parallelen in Bezug auf die Wirtschaft und die Politik auf, darüber hinaus auch einige soziokulturellen Ähnlichkeiten. Abgesehen von diesen weltweiten Analogien unterstehen diese Städte auch ihrem jeweiligen regionalen Einfluss.

Die vorliegende Arbeit ‚Global City Singapur – Die regionale und weltwirtschaftliche Rolle des Stadtstaats' soll prüfen, inwieweit der südostasiatische Stadtstaat Singapur sich ebenfalls in diese Reihe eingliedern kann.

Südostasien ist bekannt als ein sehr heterogener Wirtschafts- und Kulturraum, der wiederholt mit diversen politischen Instabilitäten und wirtschaftlichen Turbulenzen zu kämpfen hatte. Eine herausragende Ausnahme nimmt Singapur ein.

In Zeiten, in denen selbst die großen, die mächtigen und die rohstoffreichen Länder Probleme mit der Anpassung an die Globalisierung und an den sich ändernden Rahmenbedingungen haben, ist es von besonderem Interesse, wie ein kleiner Stadtstaat damit zu Recht kommt. Das Überleben Singapurs als kleine und instabile Jungrepublik stellte einerseits eine große Herausforderung dar, ermöglichte ihm jedoch auch die notwendige Flexibilität zur Anpassung an die Veränderungen. Ein stetiger Wandel der Wirtschaft, der Politik und der Gesellschaft kennzeichnete die Insel, die ihr viele Errungenschaften und Erfolgen einbrachte, aber auch einige Opfer und Zugeständnisse forderte.

Die Rolle Singapurs in der Weltgemeinschaft muss dabei ebenso in Betracht gezogen werden wie der Einfluss die Region Südostasien, insbesondere Malaysia und Indonesien, auf die Entwicklung der Insel wie auch die Position Singapurs innerhalb dieser Gemeinschaft.

Obwohl heutzutage weithin bekannt für seinen Ruf als Finanzplatz von internationaler Bedeutung, seinen Hafen und Flughafen sowie seine moderne Fluglinie Singapore Airlines, stellt sich dennoch die Frage, ob und inwieweit das Global City-Konzept wirklich auf Singapur anwendbar ist.

II   Methodik

Einführenden soll eine Definition des Begriffes ‚Global City' die Grundlage für die darauffolgende Analyse bilden. Dazu sollen Abgrenzungen zu anderen geläufigen und häufig verwendeten Begriffen abgesteckt sowie Merkmale einer typischen Global City, so es sie denn gibt, aufgeführt werden.

Zur Einordnung der Rolle und Bedeutung Singapurs in Bezug auf die Region Südostasien und auf die Weltwirtschaft soll eine historische Einordnung zum besseren Verständnis der Entwicklung der Situation in dem Stadtstaat und um ihn herum dienen.

Anschließend erfolgt eine Betrachtung des Status Singapurs als Weltstadt mit Hilfe der PEST(EL)-Analyse. Der Begriff ‚PEST(EL)-Analyse' ist eine Abgrenzung für die Analyse von *p*olitischen, wirtschaftlichen (*e*conomic), gesellschaftlichen (*s*ocial), *t*echnologischen sowie u.U. ökologischen (*e*nvironmental) und rechtlichen (*l*egal) Faktoren.

In dieser Arbeit erfolgt die Betrachtung der (relevanten) politisch-rechtlichen, wirtschaftlich-technologischen, soziokulturellen Dimensionen. Aus dem Bereich der ‚Tools des Strategischen Management' stammend, zielt die Analyse auf die Erfassung der Einflussfaktoren, die auf die Leistung eines Unternehmens oder einzelner Geschäftsfelder in seiner operativen Umgebung, sprich in seiner Branche, einwirken kann. Betrachtungsgegenstand kann laut entsprechender Fachliteratur jedoch auch eine ganze Nation sein. Besonders geeignet ist diese Methodik zur Informationssammlung bezüglich einer eng abgesteckten Thematik. (Recklies 2006) Somit dient in dieser Arbeit die PEST(EL)-Analyse der Identifizierung von Kernmerkmalen, die die Zuschreibung des Status einer Global City an den Stadtstaat Singapur rechtfertigen.

Wie oben bereits erwähnt, wird in diesem speziellen Beispiel ein Schwerpunkt auf die Dimensionen der Globalisierung, d.h. die politischen, wirtschaftlichen und gesellschaftlich-kulturellen Themen, gelegt. Aufgrund der Tatsache, dass sich eine Global City sowohl regionalen wie auch globalen Rahmenbedingungen zu unterwerfen hat, sollen diese analog für die drei Dimensionen betrachtet werden.

Zuguterletzt wird nach einer kurzen Zukunftsprognose anhand der bisherigen Erkenntnisse eine abschließende Bewertung präsentiert und damit die Frage, ob Singapur den Status einer Global City innehält, beantwortet.

III   Definition und Abgrenzung des Begriffes ‚Global City'

In Zeiten von Globalisierung und Regionalisierung, d.h. der sogenannten ‚Glokalisierung', gelten Global Cities oder Weltstädte als typische Erscheinungen. (Menkhoff 1998, S. 2 - 4) Vormals waren Städten einfach und auf die innere Situation des Landes fokussiert. Sie dienten als Zentren der Produktion, stellten die Verbindung zwischen der heimischen Produktion und dem regionalen Vertrieb dar. In ihnen herrschte daher von jeher eine hohe Bevölkerungsdichte (verglichen mit der ländlichen Umgebung) sowie eine hohe horizontale und vertikale Menschendichte vor. In den vergangenen 30 bis 50 Jahren jedoch ist eine allgemeine Tendenz der globalen Konvergenz zu Weltstädten zu erkennen. (Clark 1996, S. 1 - 3, 15, 24, 28)

Während Megastädte (‚Mega-cities') eine quantitative Darstellung repräsentieren und allein das Kriterium der Bevölkerungsanzahl mehrerer Millionen erfüllen und der Begriff der Metropolen eine funktionale Einordnung der Städte in Relation zu ihrer lokalen, z.B. nationalen, oder, noch etwas weiter gefasst, ihre regionalen Umgebung darstellen, beinhalten Weltstädte eine qualitative Bewertung der Stadt, da neben quantitativen Merkmalen auch die absolute Bedeutung auf der globalen Ebene betrachtet werden. (Regnier 1991, S. 15) Dazu gehören neben der politischen und wirtschaftlichen Dimension auch die Betrachtung der soziokulturellen Position und die infrastrukturelle Bedeutung in die Bewertung einbezogen. Die Größe dieser Städte und der ihnen gemeinhin zugewiesene Status als Zentrum werden sogar als nachrangig befunden, als wichtiger wird hingegen der dort gebündelte wirtschaftliche und politische Bedeutungsüberschuss für die Welt erachtet. (Clark 1996, S. 137; Sassen 2001, S. 127)

Grundsätzlich können laut Friedmann und gleichlautender Literatur Global Cities in drei Gruppen von Weltregionen unterschieden: Kern, Semi-Peripherie und Peripherie. Der Kernregion besteht aus der Triade, d.h. Nordamerika, Westeuropa und Japan. Unter der Semi-Peripherie versteht man an die Kernregionen angeschlossene Regionen, wie u.a. die BRIC-Staaten[1], Osteuropa, Südafrika, und Saudi-Arabien. Die Peripherie bezeichnet den Rest der Welt, bestehend aus den ärmsten und am wenigsten entwickelten Staaten. (Kulke 2006, S. 235, 236; Regnier 1991, S. 15) Außerdem erfolgt eine Einteilung der herausragenden Metropolen in Primär- und Sekundärstädte, entsprechend ihrer Bedeutung für die Welt und ihre jeweiligen Länder und Regionen. Primärstädte in der Semi-Peripherie fungieren dabei als Leuchttürme für die Primärstädte, und u.U. auch für die Sekundärstädte, der Kernregion. Durch die Kommunikation und Interaktion zwischen den Primärstädten der

---

[1] Brasilien, Russland, Indien und China bilden die sog. BRIC-Staaten.

Welt entsteht auch eine Verbindung der Kernregion mit der Semi-Peripherie und vereinzelt auch mit der Peripherie. (Clark 1996, S. 7; Jordan 1997, S. 13-18) In Bezug auf Semi-Peripherie spricht Clark von „low-level production, low wages, and coerced labour" (aus: Clark 1996, S. 7) sowie von weniger anspruchsvolle Technologien, weniger diversifizierte Produktion, infrastrukturellen Defiziten und sozialstaatlichen Versorgungslücken. (Clark 1996, S. 7) Auch gelte für die Global Cities dieser Kategorie wegen ihrer geringeren Attraktivität, dass die Arbeitsmigration eher interregionaler anstelle von internationaler Natur sei. (Jordan 1997, S. 51)

In Zusammenhang mit den weltumspannenden Wertschöpfungsketten transnationaler Unternehmen sah Saskia Sassen die mit dem Begriff ‚Global City' beschriebenen Orte als Zielpunkte für die zunehmende Mobilität von Kapital, Informationen, waren und Menschen, wodurch diese zu Zentren der (hochwertigen) Produktion und des Konsums sowie zu Marktplätzen globaler Güter und Dienstleistungen wurden. (Clark 1996, S. 9; Jordan 1997, S. 46; Sassen 2001, S. 23, 24) David Clark spricht in Zusammenhang mit Global Cities außerdem von „Stätten der Ansammlung von Kapital [und] Distributionszentren" (aus: Clark 1996, S. 138). In ihrer Funktion als internationaler globaler Marktplatz von standardisierten Waren und Leistungen forcieren Global Cities dabei die Homogenisierung der weltweiten Bedarfe. (Menkhoff 1998, S. 1, 3)

Somit gelten Global Cities als herausragende Zentren der Weltwirtschaft, auch wenn dies in der Literatur nur unter Vorbehalt akzeptiert wird. (Sassen 2001, S. 355) Es wäre jedoch ein Irrtum, universellen von einer Stadt als Global City auszugehen. Vielmehr sollten Funktionen der Globalökonomie betrachtet werden, in der die einzelnen Zentren herausragende Bedeutung für eine oder mehrere Funktionen einnehmen. Laut Saskia Sassen treiben diese den Prozess der Globalisierung noch weiter an. (Sassen 2001, S. 347 – 349) Es existieren oft globale Netzwerke für einzelne Global City-Funktionen, z.B. zwischen den weltweiten Zentren für Goldhandel oder jenen für Biotechnologien. Hierbei ist jedoch eine Hierarchiebildung der Funktionen sinnvoll, denn ein Zentrum des weltweiten Rohölhandels ist sicherlich anders zu bewerten als eines für tropische Agrarprodukte. (Jordan 1997, S. 47; Kulke 2006, S. 236)

Abgesehen von der räumlichen Komponente sind sich demnach Global Cities oftmals untereinander ‚näher', d.h. funktional und strukturell ähnlicher, als mit anderen Städten des eigenen Landes. (Clark 1996, S. 139; Sassen 2001, S. 171, 172) Dies hängt nicht zuletzt mit der wachsenden Bedeutung von Informations- und Kommunikationstechnologien sowohl in der Globalisierung allgemein als auch für die Entstehung von Global Cities im Besonderen zusammen. (Clark 1996, S. 117; Kulke 2006, S. 235; Menkhoff 1998, S. 5).

Es bleibt jedoch festzuhalten, dass einzelne Global Cities, die alle oder zumindest eine Großzahl der Merkmalkriterien erfüllen, nur sehr spärlich zu finden sind. Durch die

Einbettung in verschiedene, oben beschriebene globale Netzwerke können jedoch die Schnittmenge jener Verbindungen als Kriterium für die Deklaration als Global City herangezogen worden.

Außerhalb jeglichen Zweifels ist jedoch, dass New York City zu dieser Gruppe gehört bzw. jene sogar anführt. Da oft die Ähnlichkeit zu New York als einfache Hilfestellung verwendet wird, soll hier festgehalten werden, dass die Rolle New Yorks sich weniger auf die Erfüllung äußerlicher Merkmalkriterien bezieht als vielmehr auf die Bedeutung dieser Stadt für die weltweite Wirtschaft und Politik. (Sassen 2001, S. 349) Global Cities gehören nämlich zur ersten Reihe der weltweiten Städtehierarchie. (Clark 1996, S. 163).

Die Erscheinungsform der Stadt, ihre stark service-orientierte Wirtschaftsstruktur und die soziale Organisation eines solchen Ballungsraumes bewegen sich zu einem gewissen Grad auf eine gemeinsame Grundlage hin. Der Begriff der Service-Orientierung umfasst hier Finanzdienstleistungen sowie weitere produktionsbegleitende Dienstleistungen wie u.a. Unternehmens- und Rechtsberatungen. (Clark 1996, S. 2, 102, 104; Kulke 2006, S. 235)

Aus einer ursprünglich rein wirtschaftlichen Betrachtungsweise ist somit mittlerweile eine multidimensionale Betrachtung geworden, inklusive der o.g. Dimensionen einer Metropole von weltweitem Ruf. Jener weltweite Ruf lässt sich oft an markanten Erscheinungsformen festmachen. So sind beispielsweise die Architektur, die Skyline oder das Verkehrsaufkommen typische Merkmale einer Global City. (Clark 1996, S. 2, 102, 104) Während genau dieses Merkmal die Weltstädte von anderen untergeordneten Städtehierarchietypen unterscheidet, macht es sie in ihrer eigenen Kategorie zu einer homogenen Gruppierung, da jeder der Weltstädte eine weitgehend kongruente Struktur vorweisen kann.

Daneben spielt auch oder insbesondere die in der Stadt vertretene große politische Macht in Form von Sitzen politischer Organisationen nationaler und internationaler Größenordnung eine Rolle. (Jordan 1997, S. 47; Kulke 2006, S. 235) Durch diese herausragender Bedeutung können auch kleinere Städte, wie z.B. Genf, schnell zu den möglichen Kandidaten für den Global City-Status gehören. (Clark 1996, S. 137) Auch die Vielzahl der „internationalen Kommunikationsaktivitäten [...] [wie] z.B. Messen oder internationale Kongresse" (aus: Kulke 2006, S. 235) können als Indikatoren eines solchen Status dienen.

Des Weiteren können Städte ihren Ruf auch durch die Position als, häufig multimodale, Knotenpunkte verkehrsinfrastruktureller Hauptachsen erwerben. Große Häfen, Flughäfen, Eisenbahnknotenpunkte oder Autobahnkreuze sprechen für eine wirtschaftliche Leistungsfähigkeit und eine herausragende Stellung der Stadt, sowohl in Bezug auf den Personen- wie auch auf den Güterverkehr. (Jordan 1997, S. 47)

Die wirtschaftliche Vielfalt einer Stadt und die damit einhergehende politische Macht tragen also zur Entwicklung des Status einer Global City bei, genauer zu einer derartigen

Atmosphäre, der in einer Stadt herrscht und von ihr ausgeht, zum Lifestyle, den sie bietet, und zum Image, den sie verkörpert, bei. (Clark 1996, S. 31, 37, 100)

Bezüglich der Wirtschaftsstruktur ist zu betonen, dass Global Cities oft als Kommandozentralen und Kontrollpunkte des weltweiten Kapitalismus fungieren. (Braun et al 2004, S. 252; Clark 1996, S. 137; Sassen 2001, S. 127) Viele transnationale Unternehmen haben ihre Konzern- oder zumindest Regionalzentralen in Weltstädten aufgebaut.

Diese Unternehmen gehören verstärkt dem tertiäreren Sektor an und bieten ihre oft produktionsbezogenen Dienstleistungen ('producer services'), wie Finanzdienstleistungen, Dienste aus den Bereichen Werbung, Medien und Kommunikation sowie Rechtsleistungen, weltweit an. (Clark 1996, S. 2, 102, 104, 139; Sassen 2001, S. 64, 127, 167)

Die ursprünglich innerstädtisch angesiedelte industrielle Produktion wird, soweit überhaupt noch existent, in die entlegenen Randgebiete der Stadt bzw. in nahegelegene Industrieregionen ausgelagert. Die Integration ins Hinterland und die Hub-Funktion der Stadt verstärkt sich damit also. Während die ehemaligen Produktionszentren die Tätigkeiten dieses Sektors in Niedriglohnländer ausgelagert haben und selbst also zu Finanzzentren, oder Ballungsgebieten anderer Dienstleistungen, gewachsen sind, sind in den Weltstädten selbst meist nur noch einige wenige Fertigungstätigkeiten aus dem obersten Wertsegment des sekundären Sektors übriggeblieben. (Sassen 2001, S. 196) Geblieben und zum Teil sogar verstärkt aufgetreten ist jedoch die extreme Weltmarktorientierung. (Sassen 2001, S. 167) Zum einen liegt dies, wie oben schon erwähnt, an der weiterhin bestehenden Funktion als Hub für die unmittelbare Region um die Weltstadt herum. Hierbei kommt ,erschwerend' hinzu, dass die Distribution nicht allein regionale, sondern immer häufiger globale Ausmaße annimmt. Zum anderen werden nun neben dem Warenverkehr auch Dienstleistungen weltweit angeboten und nachgefragt.

Für die neue Form der Produktion in Weltstädten ist die Bildung der Fachkräfte ist ein entscheidender Faktor. (Sassen 2001, S. 64) Global Cities sind somit auch Zentren professionellen Wissens und, um der Zukunftsfähigkeit willen, auch Innovationszentren. (Clark 1996, S. 2, 102, 104, 137, 138; Sassen 2001, S. 127) Zu den gesellschaftlichen Ergebnissen dieser Entwicklung gehören unter anderem die sich immer weiter öffnende Einkommensschere verschiedener Gesellschaftsschichten sowie eine vollkommen neue Soziologie innerhalb der Weltstädte. (Jordan 1997, S. 49)

Ein weiteres sichtbares Phänomen ist auch die neue sozialräumliche Aufstellung der Global City in den vergangenen Jahren angesichts der neuen wirtschaftlichen Ausrichtung. (Sassen 2001, S. 190) Neben der Verlagerung von Produktion zu Dienstleistungen und einer häufig anzutreffenden Re-Konzentration des wirtschaftlichen Lebens in die Innenstadtbezirke (als globalisierter Mikrokosmos einer Weltstadt) sind die wachsende Anzahl von jeweils einer oder weniger ethnischer Gruppen dominierter Stadtviertel (als regionalisierter Mikrokosmos einer Weltstadt) auffällig. Der These, eine Global City sei als ‚Untereinheit' der Weltwirtschaft anzusehen, scheint hier Rückhalt gegeben zu sein.

Soziale und ethnische Vielfalt steht der Bildung eines Global City-Status nicht unbedingt im Wege, eher kann sie die Entwicklung beflügeln, wenn sowohl die Qualifikation der Schichten, z.B. der Immigranten, als auch ihre Mannigfaltigkeit zufriedenstellend hoch ist. (Sanyal 2005, S. 3) Besonders in widrigen Umständen, wie äußeren Einflüssen, können solche Mischungen verschiedener Gesellschaftsgruppen, beispielsweise verschiedener Immigrationsgruppen, zueinander finden. (Clark 1996, S. 107) Die Koexistenz von Menschen verschiedenen Glaubens und verschiedener Werte usw. machen oft auch als Gesamtmosaik das Bild einer Global City aus, (Clark 1996, S. 114) In der in solchen Städten oft vorzufindenden Anonymität und Verfremdung sind solche Konzentrationen homogener Einheiten Orte des Haltes und der tiefergehenden persönlichen Begegnung für die Bewohner. (Clark 1996, S. 105) Durch die verschiedenen ethnischen Gruppen in einer Global City ist auch relativ schnell eine Verbindung der Weltstadt mit einem anderen Teil der Erde hergestellt. So kann z.B. eine Global City mit einem großen Chinatown District auf relativ gute Kontakte nach China und/oder anderen Exil-Chinesen in anderen Chinatowns der Welt zurückgreifen. (Menkhoff 1998, S. 13, 14)

Vielfalt ist nicht nur ein Aspekt der gesellschaftlichen Komposition und der Lebensstile, sondern auch der Interessen, die in einer solchen Agglomeration vertreten sind. (Clark 1996, S. 119, 120) Insgesamt muss sich die Global City nämlich nicht lediglich als Ort, sondern auch als Image oder Lebensgefühl begriffen werden. Nicht allein als Wohn- und Arbeitsort, sondern auch als Erlebnisort spielt die Global City eine Rolle. (Clark 1996, S. 122) Eine wichtige Rolle spielen sogenannte ‚feste' Kultur- und Freizeitangebote sowie eine kosmopolitische Ausstrahlung der Stadt. (Sanyal 2005, S. 3, 6)

Zur Verbreitung dieses Bildes spielen die Medien eine große Rolle, da sie die entsprechenden Botschaften vermitteln. Durch vielfältige standardisierte (Medien-)Produkte entstand nun ein (weitgehend) global gültiges Bild einer Global City, ungeachtet der jeweiligen lokalen Färbung. Kritiker und Globalisierungsgegner verwenden hierbei oft den Begriff des Kulturimperialismus. (Clark 1996, S. 122)

Dieses Bild ist nicht allein für touristische oder ähnliche Zwecke wichtig, auch zur Attraktivitätssteigerung für ausländische Direktinvestitionen und zur Anwerbung von hochqualifizierten Arbeitskräften aus dem Ausland spielen solche Punkte eine nicht zu unterschätzende Rolle. Nur Orte, die sowohl in der Realität als auch in der Wahrnehmung die geforderten vielfältigen Bedingungen an eine Weltstadt erfüllen, können sich der Ansiedlung neuen Kapitals, leistungsstarker Unternehmen und sogenannter High Potentials, d.h. hochqualifizierter Fachkräfte, hundertprozentig sicher sein.

IV   Die Rolle Singapurs in Südostasien und der Welt

Die Globalisierung, die gemeinhin als die „Zunahme der internationalen Verflechtungen von Gesellschaft, Kultur, Politik und Wirtschaft" (aus: Kulke 2006, S. 195) bezeichnet wird, ist die treibende Kraft hinter der Verbreitung des Begriffes ‚Global City'.
Aus diesem Grund soll in der Folge anhand genau der oben genannten Bereiche eine Überprüfung des Global City-Status Singapurs erfolgen. Um diesen jedoch richtig einschätzen zu können, sollte neben der weltwirtschaftlichen Ebene auch die der direkten Nachbarschaft einbezogen werden. Neben einer inlandsbezogener Betrachtung erfolgt daher in jedem Bereich, soweit möglich, die Behandlung sowohl regionaler und weltwirtschaftlicher Gesichtspunkte.

IV.1   Historische Einordnung

Um die aktuelle Situation Singapurs und die Rolle des Stadtstaates auf der regionalen und globalen Bühne zu verstehen, ist es unumgänglich, sich mit seiner Geschichte auseinander zu setzen. Gerade die Meilensteine der singapurischen Historie, die für die Entwicklung zu einer Global City von Bedeutung sind oder sein könnten, sollen dabei im Vordergrund stehen.

Gegründet wurde Singapur 1819 durch Sir Thomas Stamford Raffles, dem Agent der britischen East India Company mit Sitz im heutigen Kolkata in Indien, als Handelsposten des britischen Empires. (Geiger 1973, S. 4; Regnier 1991, S. 15, 16) Er tat dies in unmittelbarer Nähe zum niederländischen Handelsreich, das sich auch über das, nahe Singapur gelegene, Riau-Archipel erstreckte, wodurch somit in der Region Rivalitäten zwischen den europäischen Kolonialmächten verstärkt wurden. Die Europäer waren auch die Ersten, die eine nationalstaatliche Grenzregelung in diese Region gebracht haben und damit die Verschiebung von Grenzräumen zu Grenzlinien bewirkt haben. (Bedlington 1978, S. 31; Regnier 1991, S. 9 – 16)
Wenn man von der Gründung Singapurs im Jahre 1819 spricht, so ist dies nur die halbe Wahrheit, denn die Insel besteht schon weitaus länger. Südlich der malaiischen Halbinsel gelegen und damals als Temasek (bzw. Tumasik) bekannt, war sie schon einige Jahrhunderte zuvor Bestandteil des Königreiches von Malakka. Ein lokaler Prinz hat, der Legende nach, einen Löwen im dichten Dschungel der Insel entdeckt und ihr den Namen der Stadt vermacht (‚Singa' bedeutet ‚Löwe' im Sanskrit, ‚Pura' entspricht ‚Stadt'). (Bedlington 1978, S. 30 - 32; Geiger 1973, S. 5; Regnier 1991, S. 6, 7)

Die geostrategische Position war, wie schon bei der Errichtung des Königreiches von Malakka, ein entscheidender Faktor für Raffles, als er sich für die Insel am Ende der Straße von Malakka entschieden hat, welche als Verbindung des Indischen Ozeans mit dem Südchinesischem Meer von jeher den Seeweg aus dem Orient nach China darstellte. (Regnier 1991, S. 2 - 4) Singapur als Dreh- und Angelpunkt jener Route hatte außerdem eine besondere Bedeutung als Zwischenstation auf dem Weg vom asiatischen Festland in Richtung der Strafkolonie Australien inne, sozusagen als ein „Beitrag zur Sicherheit im Commonwealth" (aus: Bedlington 1978, S. 199).

Wie schon andere Seemächte in der Region zuvor, sollte auch Singapur sich entfalten, nach Geschmack der britischen Kolonialherren zum Zentrum maritimen Handels in Südostasien. Besonders angesichts des extrem agrarisch geprägten südlichen Teils der malaiischen Halbinsel und auch der Inseln südlich von Singapur, hauptsächlich Sumatra und Java, die ebenfalls größtenteils landwirtschaftlich gekennzeichnet gewesen sind, erschien dies plausibel. In seiner Funktion als Freihafen (inklusive Steuervergünstigungen und einschließlich der Fähigkeit, die größten Frachtschiffe der Welt aufzunehmen) und Handelsposten der East India Company sollte er die Aktivitäten auf der ebenfalls britisch verwalteten Malaiischen Halbinsel koordinieren, wirtschaftlichen Profit für das British Empire einbringen und zudem noch den Ruf einer ‚World City', einer Weltstadt einnehmen.

Auffällig ist hier, dass Singapur also schon im 19. Jahrhundert als Zentrum des tertiären Sektors einen weltweiten Ruf erlangte, trotz oder vielleicht gerade aufgrund der fehlenden Möglichkeiten des Rohstoffabbaus oder der Produktion. (Regnier 1991, S. 2, 3, 17, 18)

Der Seeweg, also eine infrastrukturelle Vorbedingung, stellte dabei das reibungslose Funktionieren dieses globalen (Handels-)Netzwerks dar. Diese exponierte Stellung des Stadtstaates als regional unverzichtbarer und international anerkannter Anlaufpunkt ist eine nützliche Voraussetzung für eine spätere Beibehaltung seiner Wichtigkeit für die Weltwirtschaft. Kommunikation und Transport bildeten also das Rückgrat des raschen wirtschaftlichen Wachstums der seit 1867 als Kronkolonie deklarierten Insel, das sich wiederum auch in der analogen Bevölkerungsentwicklung bemerkbar machte. (Regnier 1991, S. 14, 15, 18)

Weiterhin bleibt festzuhalten, dass durch das Zusammentreffen verschiedener Teilnehmergruppen des internationalen Wirtschaftslebens Singapur schon damals den Ruf eines Schmelztiegels und eines kulturellen Zentrums hatte. Dies bezog sich nicht allein auf die britischen Kolonialherren und die indigene malaiische Bevölkerung, sondern darüber hinaus auch auf die internationalen Besatzungen der ankommenden Frachtschiffe, sondern, vor allem, auf die chinesischen, arabischen, indischen und südostasiatischen Händler und Arbeiter. Besonders die Chinesen fungierten hier als Mittler zwischen Malaien und Briten. (Regnier 1991, S. 6, 19)

Der Abstieg der Handelsstadt durch den sinkenden Umfang des Depothandels seit Beginn des 20. Jahrhunderts war auch eng verbunden mit der prekären finanziellen Situation der Kolonialmacht Großbritannien, die auch seine Spuren in Singapur hinterließ. Als sich zudem in den Jahren nach 1929 die weltweite Krise einstellte, war der Niedergang des Systems des Freihandels in Singapur besiegelt. (Regnier 1991, S. 19) Erschwerend kam die immer realere japanische Bedrohung im südchinesischen Meer hinzu, woraufhin ein britischer Marinestützpunkt sowie der Flughafen Changi Airport im Osten der Stadt eröffnet wurden. Dennoch kam es zur japanischen Invasion im Jahre 1942. Die Japaner wollten die Stadt als militärische Basis für die Kontrollierung der malaiischen Halbinsel und wirtschaftliche Zwecken nutzen. (Regnier 1991, S. 20, 21) Der damalige japanische Premierminister Tojo sprach gar von Singapurs Rolle als „Eckstein in der Errichtung von Großostasien" (aus: Regnier 1991, S. 22). Diese Ausführungen sollen nichts weiter zeigen als die große Anfälligkeit und Abhängigkeit des Stadtstaates von externen Einflüssen, ob der Zustand der britischen Kolonialmacht, die Weltwirtschaftslage oder die politische Situation in der Region.

Nach Ende des Zweiten Weltkrieges fiel die Insel wieder in britische Verwaltung zurück. 1959 wurde ihr dann die Selbstverwaltung innerhalb des Commonwealth zugebilligt. (Bedlington 1978, S. 202 - 205)

Zwei Jahre später erreichte ein Vorschlag des mittlerweile seit einigen Jahren unabhängigen Malaysias für einen Staatenbund („Grand Federation') den Stadtstaat, der weitere zwei Jahre später auch realisiert wurde. Aufgrund von Differenzen mit der Kuala Lumpur sowie wegen Spannungen zwischen Chinesen und Malaien spaltete sich Singapur 1965 wieder aus der Föderation ab. Daher gilt der 9. August 1965 als Nationalfeiertag. (Bedlington 1978, S. 207; Regnier 1991, S. 1, 22 - 26)

Viele Probleme gefährden Singapurs Existenzfähigkeit, darunter wirtschaftliche Erschwernisse wie der praktisch nicht vorhandene Binnenmarkt, die hohe Arbeitslosigkeit, das fehlende Kapital zur Errichtung eigener Industrien, aber auch politische Widerstände durch die Rivalitäten mit den Nachbarstaaten Indonesien und Malaysia und die militärische Verwundbarkeit nach Abzug der britischen Truppen im Jahre 1967. Schnell wurde Singapur klar, dass sich Singapur großen Ressentiments der Nachbarn ausgesetzt sah, nicht zuletzt wegen ihres Images als „chinesische Stadt mitten in der malaiischen Welt" (aus: Regnier 1991, S. 139). Schnell wurde klar, dass allein eine rasche Fortentwicklung des Stadtstaates eine Lösung sein könnte. Die Voraussetzungen wurden unverzüglich gelegt: Eine auf den wirtschaftlichen Aufschwung ausgerichteten soziale Umverteilung, die Bereitstellung von moderner (Kommunikations- und Transport-)Infrastruktur und Bildung sowie die politische Entspannung mit den nicht immer freundlich gesinnten Nachbarstaaten und damit die Erschaffung einer investitionsfreundlichen Klimas von Stabilität und Leistungsfähigkeit und die Positionierung als Steueroase und Freihafen und dadurch die eigene Ausnutzung der westlichen Investitionsfreudigkeit sollten allesamt zur Entwicklung der ehemaligen

Kronkolonie beitragen. Ein weiterer nicht unwesentlicher Faktor war die hohe Qualität der handelnden und involvierten Personen, sowohl des charismatischen, intelligenten ersten Premierministers Lee Kuan Yew und seiner Kabinettsmitglieder als auch der durch die britische Kolonialzeit exzellent geschulten Verwaltungsapparat, die sich zudem noch durch Unbestechlichkeit, Entschlossenheit und Hingabe auszeichneten. (Geiger 1973, S. 153; Regnier 1991, S. 50 - 53, 154; WEF 2007, S. 26; Zoratto 1991, S. 88, 89)

An der Gründung der ASEAN 1967 war Singapur als einer der fünf Mitglieder der ersten Stunde beteiligt. Dies steht in direktem Zusammenhang mit der regionalen Integration für wirtschaftliche Zwecke in Zeiten globaler Finanz- und Erdölkrisen als auch mit dem eingeschlagenen politischen Deeskalationskurs. (Regnier 1991, S. 1, 50, 51, 144 - 148) Mit dem Beitritt in die Gemeinschaft sollte der politische und, vor allem, der wirtschaftliche ‚Take-off' stattfinden. 1972 sprach in diesem Zusammenhang der damalige Außenminister Rajaratnam erstmals von der „Global City" als Zielvorstellung für Singapur. (Regnier 1991, S. 155; Teong-Boo 1977, S. 17 - 24)

IV.2   Annäherung und Autorität: Politische Einflussfaktoren

Das Singapur der Neuzeit ist das Ergebniskonstrukt aus wirtschaftlichen Überlegungen der ehemaligen Kolonialherren. Jedoch gilt damals wie heute, dass dieses kleine Handelszentrum beträchtlichen Einfluss auf seine unmittelbare politische Umgebung und, in abgeschwächter Form, auch auf die Weltpolitik hat. (Bedlington 1978, S. 211) Seit über 30 Jahren verfolgt die Regierung des Stadtstaates nun auf politischer Ebene das Langzeitziel, zu einer Global City zu werden und es zu bleiben, ohne dabei tagesaktuelle und regionale Themen aus den Augen zu verlieren. (Teong-Boo 1977, S. 19, 20)

Ursprünglich wurde die Lebensdauer des Stadtstaates nach seiner Unabhängigkeit auf ein Minimum eingeschätzt, insbesondere wegen seiner Abhängigkeit von der Weltwirtschaft und seiner fehlenden Verteidigung. Während sich das letztere Problem mittlerweile nicht mehr so dringend stellt, ist die Anfälligkeit Singapurs „für außenwirtschaftlichen Veränderungen" (aus: BITKOM 2006) bis heute geblieben. (Regnier 1991, S. 20, 21; WEF 2007, S. 17, 26)

Angesichts der vielfältigen Herausforderungen an den jungen Stadtstaat entwickelte sich eine Dominanz der People's Action Party (PAP), die in der Folge mit dem Premierminister Lee Kuan Yew einen autoritären Führungsstil verfolgte und beispielsweise eine Opposition niemals zustande kommen ließ. (Bedlington 1978, S. 225 – 235; Teong-Boo 1977, S. 155 - 162) Um die am Boden liegende Wirtschaft zu reanimieren, waren, neben der Stärkung der Identität der jungen Republik, grobe strukturelle Änderungen notwendig, welche jedoch oft nur mit harter Hand durchgedrückt werden können. Beispielsweise wird die Konzentration auf ausgewählte, als besonders zukunftsträchtig erachtete Industrien und die Immigration qualifizierter Arbeitskräfte nach Singapur staatlich koordiniert und kontrolliert. Auch die manchmal gebotene Flexibilität und Eile sieht die Führung Singapurs so besser gewährleistet als mit langwierigen Prozessen der Konsensbildung und Entscheidungsfindung. Flexibilität sah Lee Kuan Yew als zentrales Element seiner Politik, um als besonders anfälliges Land sich besser an sich ändernden weltweiten Rahmenbedingungen anpassen zu können. (Teong-Boo 1977, S. 25 - 27) So wurde Singapur trotz der Tendenz zum westlichen Block aufgrund der guten Wirtschaftsbeziehungen nach Nordamerika und Westeuropa Mitglied der Bewegung der Blockfreien Staaten um seine politische Neutralität im Kalten Krieg zur Schau zu stellen. (Regnier 1991, S. 139 - 142, 170, 186) Neben der Behebung der bereits beschriebenen prekären wirtschaftlichen Lage sah Lee Kuan Yew auch ein, dass eine Existenzsicherung für Singapur nur über die politische Annäherung zu seinen Nachbarn gelingen konnte.

Die zum Teil seit Jahrhunderten bestehende und partiell von den Kolonialmächten induzierte Rivalität bestand weiterhin. In den ersten Jahren der Unabhängigkeit sah sich der Inselstaat einerseits zwar dem Misstrauen und der feindlichen Gesinnung seiner Nachbarn ausgesetzt, andererseits erfuhr er aber auch weltweite Sympathie und die Anerkennung seiner Souveränität. Die Mitgliedschaften in der UNO, der WTO und zahlreichen anderen internationalen Organisationen zeugen von der raschen und guten Einbindung Singapurs in die Weltgemeinschaft.

Die gespannten politischen Beziehungen zu den Nachbarn war jedoch nur eine Seite der Medaille, die andere zeigte eine gegenseitige wirtschaftliche Abhängigkeit. Singapur benötigte Trinkwasser, das aus Malaysia herübergepumpt wurde. Malaysia hingegen brauchte einen leistungsfähigen Hafen, um seine (häufig agrarischen) Produkte in die Absatzmärkte zu verschiffen. Ähnlich sah die Lage Indonesien betreffend aus. Obwohl Singapur um seine unentbehrliche Position für seine Nachbarstaaten wusste, verließ das Gefühl der Angst und der Einkesselung die Insel niemals richtig. (Regnier 1991, S. 142 - 144) Auf Seiten der Nachbarn hoffte man zwar von der immer stärker florierenden Wirtschaft des kleinen Stadtstaates zu profitieren, wollte eine zu starke Abhängigkeit von ihm aber um jeden Preis vermeiden. Auch blanker Neid gehörte zu den damals präsenten Phänomenen.

Auch aus diesem Grund fand sich Mitte der 1960er Jahre ein Konsens über die Bildung eines regionalen Zusammenschlusses mit dem Ziel der politischen, wirtschaftlichen und, unter Umständen, sogar der sozialen Integration. Dabei ist zu beachten, dass Singapur jenes Land war, das wohl am wenigsten aus wirtschaftlichen als vielmehr aus politischen Gründen den Schulterschluss mit seinen Nachbarn suchte. Denn wirtschaftlich unterschied sich Singapur schon damals von seinen deutlich landwirtschaftlich geprägten Nachbarstaaten durch seine moderne Orientierung an die Industrie und vereinzelt auch an Dienstleistungen. (Bedlington 1978, S. 244 – 246; Regnier 1991, S. 37 - 40) Besonders deutlich wurde diese Differenz anhand des Vergleiches der offenen, nach außen gerichteten und industrialisierten

Handelsnation Singapur mit der protektionistischen und zurückgezogenen Agrarnation Indonesien. (Regnier 1991, S. 18) Durch ebendiese verschiedenartige Ausgangssituation wiederum gab es oft unterschiedliche Auffassungen zum Kurs der ASEAN. Gleichzeitig stellte sich eine Art Ergänzungskonzept ein, indem Singapur durch seine hervorragende Infrastruktur als Südostasiens ‚Tor zur Welt‘, d.h. als Hub für die Ein- und Ausfuhren seiner Nachbarn, fungierte. (Regnier 1991, S. 175, 189) Auch global sah sich Singapur in der Führungsrolle der Gemeinschaft, erachtete es sich doch mit seinen qualifizierten uns englischsprachigen Menschen, seiner internationalen Reputation und seiner multikulturellen Gesellschaft als idealer Vermittler zwischen der örtlichen malaiischen Kultur und den westlichen, angelsächsisch geprägten Industrienationen. (Regnier 1991, S. 175 - 178)

Auch wenn aller Anfang schwer war und die wenigen Erfolge der ASEAN eher das Ergebnis zähen Ringens war, stand die Gemeinschaft somit schon früh auf einigermaßen stabilen Beinen. (Regnier 1991, S. 144 - 148) Für Singapur lohnte sich die Mitgliedschaft zum einen daher, dass der kleine Inselstaat nun mit einer etwas gewichtigeren Stimme auf der Weltbühne zu hören war, und zum anderen daher, dass eine Mitgliedschaft die regionale Stabilität, besonders jenseits der Straßen von Malakka und Johor, fördert. Zur Stabilisierung und zum Abbau des Misstrauens trugen auch die guten persönlichen Beziehungen Lee Kuan Yews zu seinen Amtskollegen Dr. Mahathir aus Malaysia und Suharto aus Indonesien bei. (Geiger 1973, S. 175 - 177; Regnier 1991, S. 155 - 175) Direkte Folge der erhöhten Stabilität ist ein damit einhergehendes Wirtschaftswachstum und die erhöhte Ansiedlung ausländischer Direktinvestitionen in Singapur.

Eine weitere politische Größe ist die feindliche Haltung gegenüber dem Kommunismus. Die Länder der ASEAN hatten allesamt eine sehr kritische Haltung der Volksrepublik China gegenüber und, abgesehen von Singapur selbst, auch gegenüber den Exil-Chinesen. Als das Feindbild auf Vietnam infolge des Endes des Vietnam-Krieges, war Singapur seltener antichinesischen Feindseligkeiten ausgesetzt. (Regnier 1991, S. 189, 203 - 227)

Philippe Regnier sieht zwei Spannungsfelder innerhalb Südostasiens, denen Singapur ausgesetzt war. Zum einen gab es sowohl abnehmende (politische) Konflikte als auch zunehmende (ökonomische) Kooperation zwischen Singapur und dem Rest der ASEAN. Zum anderen existiert sowohl ein innerer Zusammenhalt in Singapur gegenüber widrigen äußeren Umständen als auch eine große Flexibilität, sich neuen Gegebenheiten anzupassen. Diese Flexibilität fand großen Ausdruck im Pragmatismus, mit der Herausforderungen aus der Politik, der Gesellschaft oder der Wirtschaft angegangen wurden. (Teong-Boo 1977, S. 25 - 27) Lee Kuan Yew sah zudem die Notwendigkeit einer autoritären, starken Führung nach innen und einer freundlichen, angepassten Darstellung nach außen, um die Existenz des Staates in seiner empfindlichen Umgebung zu sichern. (Regnier 1991, S. 263 - 269; Zoratto 1991, S. 77 - 87)

Während andere Global Cities mit Korruption und Unfähigkeit in der Verwaltung Schwierigkeiten haben, ist die Sachlage in Singapur aufgrund des britischen Erbes komplett anders. Gewürdigt wird diese innere Stabilität und die Stärke der öffentlichen und privaten Institutionen Singapurs heute auch weltweit, u.a. in Weltranglisten zur Wettbewerbsfähigkeit verschiedener Nationen. In den Bereichen ‚Öffentliches Vertrauen in die Politiker', ‚Regulierungsbelastung', ‚Effizienz der Regierungsausgaben' und ‚Transparenz der Regierungspolitik' führt das Land die Wertungen sogar weltweit an. (Petz/Schmals 1992, S. 301; WEF 2007, S. 26)

Für den politischen Teil bleibt somit abschließend festzustellen, dass neben der guten Eingliederung in die Weltgemeinschaft eine gute Integration in Südostasien und die stetige Vorantreibung dieser zum Hauptziel hat. Dies hatte ursprünglich den Zweck der Existenzsicherung und wandelte sich später zum Verstärker von Handelsbeziehungen. Für eine Bewertung der politischen Voraussetzungen ist, neben der eigenen infinitesimalen Bedeutung als Stadtstaat, die Stellung Singapurs innerhalb der ASEAN zu betrachten, da die ASEAN als zusammenhängender Block eine große Rolle in der weltwirtschaftlichen Konstellation spielt. Unter den weltweiten Zentren der politischen Macht spielt der Name Singapurs jedoch keine bedeutende Rolle.

IV.3 Konkurrenz und Kooperation: Ökonomische Einflussfaktoren

Aus wirtschaftlicher Sicht sollte zuallererst die Ausgangslage erneut ins Blickfeld gerückt werden, um den späteren Entwicklungsprozess besser einordnen zu können.
Die geostrategisch günstige Lage der Strasse von Malakka hat schon in vorangegangen Jahrhunderten viele Siedlungen begründet, sei es von lokalen Reichen und Handelsimperien oder von europäischen Kolonialherren wie beispielsweise den Portugiesen. Gleiches bewog auch Sir Thomas S. Raffles, sich dort niederzulassen. Aus einem kleinen Fischerdorf mit einer Handvoll Familien erwuchs eine zwischenzeitliche Kronkolonie der britischen Königin und innerhalb von mittlerweile beinahe zwei Jahrhunderten eine Wirtschaftsmetropole mit mehreren Millionen Einwohnern. (Jordan 1997, S. 57) Da es die privatwirtschaftlich organisierte ‚British East India Company' war, die den Stadtstaat aus wirtschaftlichen Überlegungen gründete, entwickelte sich entwickelte sich aus der zuvor besonders wegen ihrer nicht vorhandenen Ressourcen wirtschaftlich unbedeutenden Tropeninsel das Handelsdepot, v.a. für die britischen Exporterzeugnisse aus der malaiischen Halbinsel. (Jordan 1997, S. 59; Regnier 1991, S. 94)
Der Hafen Singapurs, der schon damals einen Vorsprung zu seinen regionalen Konkurrenten aufweisen konnte, ermöglichte den Schiffstransport großer Volumen. Zudem galt er als

Freihafen mit einigen Vergünstigungen auf Zölle und Steuern als besonders sicher und attraktiv. (Regnier 1991, S. 39, 65, 66) Der Grundstein für eine handels- und exportorientierte Wirtschaft ist also in der Infrastruktur zu finden. In den folgenden Jahren entwickelte sich Singapur zu einem Handelsdepot, an dem Exporte lokaler Ressourcen, wie beispielsweise das malaiische Zinn, und Agrarprodukte zwischengelagert und gegen Importe von Industriegütern ausgetauscht wurden. Der Handel umfasste größtenteils Warenbewegungen zwischen Großbritannien und den südostasiatischen Anrainerstaaten, wie Java, Siam und Malaysia. Die Einbindung des Umschlaghafens Singapurs in die global agierende British East India Company und in eine weltweite Kette leistungsfähiger Häfen funktionierte auch damals nur mittels guter Kommunikationsinfrastrukturen wie der Seewege. (Menkhoff 1998, S. 5) Auch wenn nicht diese Integration allein noch keine Global City-Funktion begründet, ist die Bedeutung des Hafens von überregionaler Größenordnung nicht von der Hand zu weisen.

Es siedelten sich durch den großen Erfolg dieses Wirtschaftmodells zahlreiche Händler, insbesondere aus China und Arabien, in Singapur an, die sich, im Austausch gegen die Ressourcen der Region, die Deckung der lokalen Nachfrage nach höherwertigen Gütern zur Aufgabe machte. Der tertiäre Sektor hat dort also (gezwungenermaßen) traditionell einen hohen Stellenwert. Hierbei sollte beachtet werden, dass Importe aus der westlichen Welt, die auf ihrem Weg zum Endbestimmungsort in Singapur eigentlich lediglich zwischengelagert werden, von der Stadtregierung dennoch als ‚echte' Importe und Exporte aufgeführt wurden. Diese Re-Exporte traten jedoch auch in den Handelsbilanzen der anderen jeweils beteiligten Staaten auf, welche die Station Singapurs nicht als Handelspartner aufführten. So galten beispielsweise Warenbewegungen aus Großbritannien nach Malaysia, die über den Hafen von Singapur abgewickelt wurden, in Singapur als eigene Importe und Exporte, während Malaysia den ursprünglichen Absender Großbritannien als Importpartner in seinen Handelsstatistiken auswies. (Jordan 1997, S. 56 - 60; Regnier 1991, S. 37 – 41, 54) Die Rolle als Mittelsmann brachte Singapur jedoch einige Neider in der Region ein, die angesichts der fehlenden Eigenleistung in der Wertschöpfungskette, von „Parasiten [...] [und den] Juden des Orients" (aus: Regnier 1991, S. 39) sprachen. (Regnier 1991, S. 27, 187)

Mit dem Niedergang des British Empire war der Verfall der Handelsenklave unumgänglich, da ihr wirtschaftliches Schicksal eng mit der wirtschaftlichen Lage in Großbritannien verflochten war. Nach dem Zweiten Weltkrieg sah diese denkbar schlecht aus.

Besonders nach der Unabhängigkeit 1965 sah Singapur großen Herausforderungen entgegen. Der Handel war zwar noch immer ein dominanter Wirtschaftsbereich, jedoch waren sich die Führungskräfte des Landes im Klaren darüber, dass infolge der sich verändernden Nachfrage in den Industrieländern auch das Angebot der Produkte und Dienste in Singapur sich ändern mussten. Diesen Strukturwandel bewältigte der junge Kleinstaat dadurch, dass eine Konzentration auf die Weiterverarbeitung der Rohstoffe und

Agrarprodukte zu Halbfertigwaren auf singapurischem Boden als Ziel verfolgt wurde. Der Plan der Importsubstitution, der seitens der Regierung ebenfalls angedacht wurde, kam jedoch nicht zustande, da dafür schlicht die Staatsfläche nicht ausreichte. Um die anfangs knappen Finanzmittel effektiver zu nutzen, wurde auf den Plan gänzlich verzichtet. (Regnier 1991, S. 54)

Durch den beginnenden wirtschaftlichen Aufschwung kam nun das Kapital ins Land, mit dem die Fokussierung auf einige Kernindustrien möglich war, in denen Singapur ein gewisses Maß an Expertise erreichen wollte. Zu diesen gehörten der Mineralölindustrie, der Schiffbau, eine Reihe verschiedener Produktionsindustrien, die in der Folge unter dem Begriff Elektronik gesammelt werden, sowie die Textilindustrie. Daneben waren auch die Bau- und die optische Industrie (Kameras), die Holzverarbeitungsbranche und Teile der Nahrungsmittelverarbeitung dort vertreten. Gerade für die Bereiche, in denen Rohstoffe weiterverarbeitet wurden, kam es zu einer wirtschaftlichen Ergänzung zwischen dem modern anmutenden Singapur und seinen eher landwirtschaftlich geprägten Nachbarn. Während Singapur die Trinkwasser- und Nahrungsmittelversorgung über Malaysia, Indonesien und anderen südostasiatischen Staaten gewährleistete, sicherten sie ihren Nachbarn, unter anderem, das Recht zur Nutzung ihrer Infrastruktur zu. (Clark 1996, S. 34, 36; Geiger 1973, S. 166 - 168; Regnier 1991, S. 40, 54, 80 - 93)

Für die Industrien mit hohem Kapital- und Personaleinsatz war Singapur auf Investitionen aus dem Ausland angewiesen, für die das Land eine Menge Arbeiter aufbieten konnte, die für die Herstellung verschiedener Güter ausreichend qualifiziert waren. Nach Schaffung der entsprechenden Rahmenbedingungen, z.B. durch Liberalisierung und infrastrukturellem Ausbau, gelang es Lee Kuan Yew und seinen Gefolgsleuten, den Namen Singapurs als Äquivalent für einen „sicheren Hafen für internationale Investitionen" (aus: Regnier 1991, S. 54) zu installieren und so den Zustrom ausländischer Direktinvestitionen (FDI) einzuleiten. Die Insel wurde zwischenzeitlich sogar als „Zusatzwerkstatt [...] von Weltruf" (aus: Regnier 1991, S. 54) bezeichnet, nicht zuletzt wegen der zu Produkten der Industrieländer konkurrenzfähigen Qualität der dortigen Fertigung. Für die Autoren Regnier und Geiger lag das industrielle Zentrum Südostasiens der 1970er Jahre unbezweifelt in Singapur, zumal die benachbarten Volkswirtschaften die Bedeutung ausländischer Investoren gänzlich unterschätzten und der Großteil des einströmenden Investitionskapitals nach Singapur ging. (Jordan 1997, S. 62; Geiger 1973, S. 170 - 174; Regnier 1991, S. 54, 56, 61, 62, 177 – 182)

In der Folge nahm die Handelsverflechtung mit der Welt, insbesondere mit den (Industrie-) Ländern der sogenannten Triade, stark zu. Der damalige Außenminister Rajaratnam sah sich in seiner Einschätzung bestätigt, dass die Welt das für einen anhaltenden Aufschwung unverzichtbare Hinterland für die Insel darstellte. (Teong-Boo 1977, S. 19, 20) Gleichzeitig kam die Integration der jungen Republik in seine regionale Umgebung immer besser voran, nicht zuletzt durch die Gründung der südostasiatischen Gemeinschaft ASEAN[2]. Singapur behielt weiterhin seine weiterhin seine Funktion als regionale Drehscheibe, über die der Export lokaler Erzeugnisse und die örtliche Distribution von Industrie- und Konsumgütern abgewickelt wurden. Diese qualitativ höherwertigen Tätigkeiten erforderten ebenfalls den Einsatz von Wissen und moderner Technologien, welche wiederum den Vorsprung Singapurs über seinen Anrainerstaaten bedeutete. (Bedlington 1978, S. 244, 245; Regnier 1991, S. 27, 36, 61 - 64, 175)

Auch wenn Begehrlichkeiten der Nachbarn auf den ähnlichen wirtschaftlichen Erfolg hin und wieder eigene Pläne einer Hafenerrichtung auftauchten, brachten es diese mangels Finanzstärke der jeweiligen Länder nie zur Reife. Die Akzeptanz der Einbindung Singapurs in die jeweils eigene Wertschöpfung wurde somit hingenommen. Dies wiederum brachte Singapur eine komfortable Situation ein, hatte es doch, zumindest teilweise, die Kontrolle über die Warenbewegungen in die Nachbarstaaten. Begründet durch den Zustrom ausländischen Kapitals und der verbesserten politischen Beziehungen in der Region übernahm Singapur zudem immer deutlicher die Rolle eines regionalen Finanzzentrums ein. (Regnier 1991, S. 38, 40, 182 - 184)

Durch den Aufschwung Singapurs kamen jedoch innere Unruhen zustande. Forderungen nach Lohnerhöhungen musste Singapur mit entsprechenden Anpassungen um bis zu 20% nachgeben. Dies hatte den Effekt, dass arbeitsintensive Industrien und solche, die den geringsten zur Wertschöpfungs- oder -steigerungsbeitrag leisteten, vor allem in die grenznahen Gebiete der Nachbarstaaten verlagert wurden, die in der Zwischenzeit auch insgesamt wirtschaftlich leistungsfähiger wurden. Insgesamt wird in der Literatur sprach man von einer Kettenreaktion der Industrialisierung, die von Japan ausging. (Regnier 1991, S.57)

Die verstärkte staatliche Förderung von Bildung und Forschung, der Ausbau der Infrastruktur, die Fokussierung auf Produktivitätssteigerungen sowie die Anwerbung von FDI mit Technologietransfer ergaben im Gesamten radikale Umstrukturierungen, an dessen Ende verschiedene High-Tech-Industrien als neue wichtigste Wachstumszweige Singapurs standen. Hier profitierte Singapur erneut von den „strategischen Lücken in der Region" (aus: Regnier 1991, S. 55), da weder Malaysia noch Singapur über Maschinerien oder Technologien für eine höherwertige Produktion besaßen. So kam es erneut zu einer Konstellation der Ergänzung, da nun die Nachbarn Singapurs die Bereiche der Rohstoffverarbeitung und Fertigung übernahmen, während es selbst auf der Wertschöpfungskette nach oben bewegt und sich auf die zukunftsträchtigen Technologien und die produktionsbezogenen Dienstleistungen konzentrierte. Da das hierzu benötigte Humankapital nicht in ausreichender Quantität und Qualität vorlag, setzte man auf Anwerbung ausländischer Arbeitskräfte, wie sie in den Ländern Westeuropas damals üblich

---

[2] ASEAN ist die Abkürzung für ‚Association of Southeast Asian Nations'.

war. (Bedlington 1978, S. 244 - 246; Bunnell et al 2006, S. 8, 10, 11; Geiger 1973; 192 - 200; Ravenhill 1995, S. 60 - 68; Regnier 1991, S. 55, 57, 68, 80 - 83, 175)

Durch den Vorsprung Singapurs war seine wirtschaftliche Vorreiterrolle nicht von der Hand zu weisen, besonders nachdem die Industrieländer Singapur als Basis ihrer Geschäfte in Südostasien ansahen. Die Verbindungen zu den USA und Japan waren von immensem Umfang, da sie die Abnehmer der Produkte, z.B. aus der Elektronik- und Luftfahrtindustrie Singapurs, waren. Wenn auch nicht immer offen zur Schau gestellt, repräsentierte Singapur dadurch eine Art Entwicklungsvorbild für sie. Denn trotz gewisser oben bereits erwähnter Neid- und Konkurrenzgefühle und der absoluten Ablehnung einer Abhängigkeit von Singapur, kamen die Nachbarstaaten daher nicht um die Nutzung der hervorragenden Wirtschaftsbedingungen der Insel herum. Besonders deutlich wird dies zum einen an der Tatsache, dass beinahe 80% der Handelsaktivitäten innerhalb der ASEAN unter Einbezug Singapurs vonstatten gingen, und zum anderen daran, dass fast die Hälfte des Außenhandels der ASEAN von Singapur getätigt wurde. (Geiger 1973, S. 273 - 275; Regnier 1991, S. 27, 36, 44, 80, 81, 91 - 93)

Knapp ein Drittel des Handels fand mit der ASEAN statt. Haupthandelspartner waren insbesondere die nächsten Nachbarn, Malaysia und Indonesien. Damit waren sie für Singapur hinsichtlich des Handelsumfangs mit den USA und Japan gleichzusetzen. Hierbei soll noch einmal auf die Rolle der Re-Exporte hingewiesen werden, die diese Zahlen auch zustande bringen. Neben der bereits mehrmals erwähnten gegenseitigen Ergänzung erfolgten weitere wechselseitige Investitionen. Wichtigstes Merkmal der Kooperation wurde das sogenannte ‚Growth Triangle' (Wachstumsdreieck) zwischen Singapur, der südmalaysischen Stadt Johor Bahru (bzw. dem Bundesstaat Johor) und dem zu Indonesien zählendem Riau-Archipel. Durch die Auslagerung bestimmter Tätigkeiten und der Einsparungen von Kosten dadurch sowie durch die Konzentration auf neue Bereiche des Dienstleistungssektors suchte sich das notwendige städtische Wachstum dieses Ventil der (grenzüberschreitenden) Ausweitung. Die beiden Nachbargebiete wurden zu Hauptprofiteuren singapurischer Expansionsbewegungen, die trotz anfänglicher Bedenken angesichts der großartigen wirtschaftlichen Aussichten in den Nachbarländern willkommen geheißen wurden. So profitierten diese Nationen von neu geschaffenen Arbeitsplätzen, dem Ausbau der Infrastruktur unter singapurischer Beteiligung und sogar vereinzelt von Technologietransfer. (Bedlington 1978, S. 212; Bunnell et al 2006, S. 3 - 6; Clark 1996, S. 34, 36; Jordan 1997, S. 63 - 65; Regnier 1991, S. 42 - 47, 66 - 80)

Trotz der positiven Entwicklung kam es in den 1980er Jahren zu einer handfesten Wirtschaftskrise, die nicht zuletzt mit der engen Anbindung der Volkswirtschaft an die Weltwirtschaft zusammenhing. Zu spärlich fand der Technologietransfer aus den Industrieländern statt und zu stark war die Konzentration auf die High-Tech-Industrie, als dass ein Schutz vor dem weltweit einsetzenden Wandel möglich wäre. Die Entwicklung von

Konkurrenten in den ‚singapurischen' Industrien, Lohnsteigerungen, die die eigene Wettbewerbsfähigkeit schmälerten, Finanzprobleme, deren Gründe in der Weltwirtschaft zu suchen waren, die Abnahme des Handels und der eingehenden Investitionen, eine verfehlte staatliche Wirtschaftspolitik, die Subventionen und Förderungen nach falschen Prioritäten vergab – das alles sind Gründe für ebendiese Krise. Nicht einmal von der globalen Verlagerung von Fertigungstätigkeiten von Südamerika nach Südostasien konnte Singapur profitieren. (Regnier 1991, S. 57 - 59, 94 - 98; Sassen 2001, S. 63)

Seine besonderen Fertigkeiten und seine unermüdliche Hingabe stellte die Regierung des Stadtstaats dann jedoch in den folgenden Jahren durch einen beinahe beispiellosen Aufholungsprozess unter Beweis. Ein erneuter Strukturwandel mit Steuervergünstigungen und -befreiungen, weiteren Liberalisierungs- und Privatisierungsmaßnahmen sowie Lohnnebenkostensenkungen sollte für eine Erholung sorgen, indem sie die Investitionsfreudigkeit reanimierten und Senkungen der Produktionskosten sowie Steigerungen der Produktivität herbeiführten. Die noch stärkere Förderung von Dienstleistungen, die, zumindest im weitesten Sinne, in Zusammenhang mit der Produktion standen, wie auch von vielversprechenden Zukunftstechnologien sollte Singapur ebenfalls wieder auf die richtige Spur zurückführen. (Jordan 1997, S. 66, 67; Menkhoff 1998, S. 5, 6; Regnier 1991, S. 57 - 60, 95 - 97; Sassen 2001, S. 140)

Eine erneute Bewegung entlang der Wertschöpfungskette nach oben war die Folge der Krise und der eingeleiteten Maßnahmen. Besondere Bereiche der produktionsrelevanten Dienstleistungen standen nun als zentrale Elemente der singapurischen Wirtschaftspolitik im Fokus. Zu diesen sind die Finanzbranche, der Zweig der Medien, die Telekommunikations- und die Tourismusindustrie, der Bereich der Wirtschafts- und Rechtsberatung sowie die Export-/ Logistikbranche zu zählen. Der strukturelle Wandel fand, auch wegen eben jener besonderen Anfälligkeit für globalökonomische Schwankungen, teilweise sogar schneller als in den westlichen Industrienationen statt. Weiterhin stellen die Privatisierungen, wie z.B. der nationalen Fluglinie Singapore Airlines, und die Stärkung einheimischer Unternehmen eine Art Absicherung gegen derartige weltwirtschaftliche Einflüsse dar, indem mehr eigenes Kapital einen größeren Handlungsspielraum eröffnet. Investitionen aus der Region, aber auch aus Singapur gehören zu den Charakteristika der neuen Wirtschaftspolitik. (Jordan 1997, S. 59; Sassen 2001, S. 38 - 43, 173, 174; Regnier 1991, S. 60, 61, 100 – 118; UNCTAD 2007, S. 54; UNDP 2007, S. 268)

2004 lag der Betrag der ausländischen Direktinvestitionen in Singapur bei 16 Mrd. US-$, also knapp einem Sechstel des BIP. Damit liegt das Land als eines der wenigen Vertreter außerhalb der Triade in der Spitzengruppe der Empfängerländer. Der Erfolg ist unter anderem mit dem Image des, neben Hongkong, am besten globalisierten Investitionsstandortes der Welt in Bezug auf Kapital und Personal zu erklären, jedoch auch mit zahlreichen Steuervergünstigungen. Die im Rahmen der anziehenden Globalisierung

führte ebenfalls zu einer verstärkten Berücksichtigung Singapurs als Zielort ausländischer Investoren, neben der VR China, Brasilien und Mexiko. (UNCTAD 2006, S. 12, 13; UNCTAD 2007, S. 26, 27, 221; Worldbank 2007, S. 297)

Um der heimischen Wirtschaft Arbeitsplätze auf der Hochtechnologie- und Managementebene zukommen zu lassen und ihre Anfälligkeit für weltwirtschaftliche Krisen abzufedern, fördert die singapurische Regierung Auslandsinvestitionen der inländischen Unternehmen maßgeblich seit Beginn der 1990er Jahre mit großangelegten Medienkampagnen und Anreizprogrammen. Die singapurischen Investitionen sind in ihrer Art diversifiziert, da sie in die Industrieländer und in die Region fließen, aber auch in der Form der sogenannten ‚Süd-Süd-Investitionen', d.h. als Investitionen ohne Beteiligung von Industrieländern, auftreten. Besonders in den vergangenen Jahren verstärkte sich die Zahl der Investitionsströme aus Singapur, die zumeist in die nahe Umgebung führten, derart, dass das Land auch in diesem Ranking eine Spitzenposition einnimmt. Singapurische Investitionsströme entsprechen den globalen Strömen und führen nach Süd- und Südostasien. Für den Stadtstaat bedeutet dies eine weitere Festigung der wirtschaftlichen Integration in die Region, die auch staatlich aus genannten Gründen ausdrücklich erwünscht ist, wie Programme wie ‚Regionalization 2000' beweisen. (UNCTAD 2006, S. 5, 6, 11, 34, 154, 173, 175, 214, 217; UNCTAD 2007, S. 19, 22, 26, 27, 41 - 46, 54, 221; WEF 2007, S. 17, 26)

Allem Wandel zum Trotz blieben die Vorteile der strategisch günstigen Lage, der potenten Infrastruktur, insbesondere des Hafens und des Flughafens, zu der neben den Verkehrswegen auch die Verbindungen der Informations- und Kommunikationstechnologien (IuK) zählen, und eines exzellenten Rufs in diesem Bereich wichtige Pfunde Singapurs im globalen Wettbewerb. (WEF 2007, S. 14, 17, 19, 26, 71, 72) So hat Singapur im Jahre 2005 Güter und Dienste im Wert von beinahe 230 Milliarden US-$ ausführen können, das 243% seines Bruttoinlandsprodukts (BIP) entspricht und dessen Großteil (84%) aus Fertigwaren bestand. Von jenen Fertigwaren gehörten wiederum 59% zum High-Tech-Sektor, während dieser Wert 15 Jahre zuvor noch bei 40% lag. Im Gegenzug kamen Importe im Gegenwert von knapp über 200 Mrd. US-$, d.h. 213% des BIP, ins Land. Zur Unterstützung dieser Handelsorientierung schloss Singapur eine Reihe Freihandelsabkommen mit verschiedenen Nationen aus Nah und Fern ab. (Worldbank 2007, S. 297; UNCTAD 2006, S. 288, 289; UNDP 2007, S. 285)

Als Spiegelbild dieser weiterhin vorherrschenden starken Exportorientierung der singapurischen Ökonomie stellte die Infrastruktur also weiterhin den Anschluss der kleinen Republik an die Welt dar. Dadurch übernahm es die Rolle der Informationsgesellschaft und eines ‚brain centre', d.h. eines Zentrums für Wissen und Innovation, in der Region. Als Beleg hierfür sei die Quote der Verbreitung von Mobiltelefonen von über 100% erwähnt. Die Quote der Internetnutzer wird auf 57% beziffert und die der Festnetztelefonverbindungen auf 43%.

(UNDP 2006, S. 327) Die staatliche Konzentration auf Bildung, Forschung und Zukunftstechnologien, zu deren Belegung hier erwähnt sei, dass zwischen 2000 und 2005 2,3% des BIP in die Forschung und Entwicklung im Telekommunikationssektor flossen, begünstigte die Integration in die Weltwirtschaft und die Exportorientierung sicherlich, besonders um die als besonders förderungswürdig proklamierten eigenen Industrien zu unterstützen. (UNDP 2007, S. 273) So war und ist noch heute IuK-Anbindung sehr wichtig für die weltweite Koordination von Wirtschaftsprozessen wie beispielsweise im Medien- oder Bankensektor. (Braun et al 2004, S. 256, 257; Jordan 1997, S. 57 - 62; Kiese 2006, S. 17, 18; Regnier 1991, S. 100 - 118, 268; Sanyal 2005, S. 3 – 5; Teong-Boo 1977, S. 20, 21)

Nach den Erfahrungen als regionales Finanzzentrum entwickelte sich Singapur immer weiter zu einem global bedeutenden Handelsplatz für Finanztransaktionen. Durch die verstärkte globale Verflechtung rückte Singapur immer mehr in die Rolle eines Investitionsmarkts ausländischer Interessanten an der Region Südostasien und seinen Bodenschätzen. Gleichzeitig fungiert es als Kapitalmarkt für die Anrainerstaaten. Nicht zuletzt wird das Image eines internationalen Finanzzentrums dadurch bestätigt, dass sich viele Banken in Singapur niederlassen. (Clark 1996, S. 150; Jordan 1997, S. 63 - 67; Regnier 1991, S. 118 - 132)

Neben der Verteilung von Waren aus und in die Region hält Singapur somit eine ähnliche Funktion für Kapital inne. Die globale Vernetzung der Insel und die Rolle als südostasiatischer Pol der Weltwirtschaft sind hier erkennbar. Abgesehen von den bisher erwähnten Merkmalen, wird dies auch an der sich erhöhenden Dichte an Konzernzentralen und -niederlassungen sichtbar. Besonders als Südostasien-, ‚Asia-Pacific'- oder gar Asienzentrale nutzen viele Konzerne den Standort Singapur. Der repräsentative Wert eines Standorts spiegelt sich auch in der hohen Zahl der vielen Kongresse und Konferenzen dort wider, die dort stattfinden. (Kulke 2006, S. 237; Regnier 1991, S. 98, 190 – 196; SingEmb 2005, S. 1; Teong-Boo 1977, S. 18, 19, 21, 22)

Nach der Asienkrise Mitte der 1990er Jahre, auf die Singapur erneut wenig Einfluss nehmen konnte, wurde der eingeschlagene Kurs fortgeführt. Die Vision der ‚Intelligent Island' (Intelligente Insel) mit Projekten wie ‚Smart City' (Kluge Stadt) machte Schlagzeilen. Die Konzentration auf Forschung und Bildung und die Entwicklung zum ‚Science Hub' (Wissenschaftszentrum) und die „Transformation in eine wissensbasierte Ökonomie" (aus: Kiese 2006, S. 17) gehören auch zu den Zielstellungen des ‚Industry 21 Master Plan', der zu diesem Zweck acht wissensintensive Branchen als besonders förderungswürdig erachtet. Die Begünstigung „der Elektronikindustrie, der chemischen Industrie, [der] life sciences, [des] Maschinenbau [...], [von] Bildung und Gesundheit, Logistik, Kommunikation und Medien sowie headquarters" (aus: Kiese 2006, S. 18) soll neben der Stärkung der Nachhaltigkeit der singapurischen Volkswirtschaft auch zur Schaffung von bis zu 25.000 Arbeitsplätzen führen und der Erwirtschaftung von zwei Fünfteln des BIP beitragen. Die drei Universitäten des Landes, die National University of Singapore, die Nanyang Technological University wie auch die neu eröffnete Singapore Management University, sollen dabei zentrale Funktionen übernehmen. Für einige Bereiche ist das Ziel der wissensbasierten Wertschöpfung und -steigerung bereits erreicht worden. (Braun et al 2004, S. 257; Kiese 2006, S. 18, 25, 26; Menkhoff 1998, S. 1, 5, 9, 10) Singapur weist bereits eine Alphabetisierungsrate von 93% auf. Hinzu kommt die Tatsache, dass 3,2% des BIP und damit 20% aller Regierungsausgaben in den Bereich der Bildung und der Forschung gehen. (UNDP 2007, S. 229, 265, 269; UNFPA 2007, S. 87; Worldbank 2007, S. 289) Finanziert wird diese Initiative nicht allein aus dem Staatshalt, sondern durch die gezielte Anwerbung von Investoren.

Als Hinweis für einen gelungenen Strukturwandel seit der Unabhängigkeit dienen unter anderem die Zahlen der sektoralen Verteilung, die zwischen 30% und 34% für den sekundären und zwischen 66% und 70% für den tertiären Sektor schwankten. (UNDP 2007, S. 299; Worldbank 2007, S. 295) Die positive Entwicklung lässt sich außerdem an den vergangenen Human Development Indizes (HDI) Singapurs festmachen. Der HDI[3] deutet auf einen bestimmen Entwicklungsstand in einem Land hin. Während der Index 1970 noch bei 0,727 lag und damit mittleren Entwicklungsstand repräsentierte, bescheinigt der Wert 0,922 dem Land 35 Jahre später den höchsten Entwicklungsstand und Platz 25 in der globalen Wertung. (Kulke 2006, S. 176, 177; UNDP 2006, S. 399, 400; UNDP 2007, S. 234)

Somit kann die wirtschaftliche Entwicklung des Inselstaats letztendlich als Erfolgsgeschichte bezeichnet werden. Das Bruttonationaleinkommen von 2005 lag bei 119,6 Mrd. US-$, während das Pro-Kopf-Einkommen 2006 sogar bei 37.040 US-$. Mit letzterem Wert liegt Singapur sogar vor den Industrienationen Deutschland, Frankreich, Großbritannien und zahlreichen weiteren westeuropäischen Ländern. Singapur wird folglich zu Recht von der Weltbank als einkommensstarke Volkswirtschaft (‚high income economy') klassifiziert. Hier ist jedoch zu beachten, dass die Verteilung noch unter die Lupe genommen werden müsste, um eine fundierte Aussage über den Nutzen für die Bevölkerung machen zu können. Für 2005 wurde das Wirtschaftswachstum mit 4,7% und die Arbeitslosenquote mit verschiedenen Werten zwischen 3,6% bzw. 5,3% angeben. Die hervorragenden Zahlen der Wirtschaftsstatistik stimmen somit erkennbar mit der Entwicklung des HDI überein. Einzig wird das Bild durch die hohe makroökonomische Anfälligkeit für externe Krisen und durch die hohe Auslandsverschuldung getrübt, die bei 98% des BIP liegt. Insgesamt spiegelt sich die großartige Wirtschaftssituation in der Tatsache wider, dass das Weltwirtschaftsforum im Jahr 2007 die Insel auf Platz neun in der Weltrangliste des Business Competitiveness Index[4] (BCI) und auf Platz sieben des Global Competitiveness Index[5] (GCI) rangiert und damit in beiden Rankings ihren Platz in den Top Ten seit über zehn Jahren verteidigt. (ILO 2007a, S.

---

[3] Der HDI ist ein berechnetes arithmetisches Mittel aus drei Indizes für die Bildung (Alphabetisierung und Einschulung), das Einkommen (Pro-Kopf-Einkommen nach Kaufkraftparitäten), und die Lebenserwartung.
[4] Der Business Competitiveness Index beschreibt die Attraktivität des Geschäftsumfelds eines Landes.
[5] Der Global Competitiveness Index beschreibt die Leistungsfähigkeit einer Volkswirtschaft.

12; SingStat 2007a; SingStat 2007c; UNDP 2007, S. 229, 277, 299; WEF 2007, S. 17, 26, 62, 81; Worldbank 2007, S. 287, 289, 297)

Abschließend soll hier noch einmal die schlechte Ausgangssituation Singapurs, die langsame Anbindung sowohl an die Region und an die Weltwirtschaft in Erinnerung geholt werden. Dabei soll erneut die unmittelbare Bedeutung der regionalen Integration für den wirtschaftlichen Aufschwung und den weltweiten Bedeutungsgewinn, v.a. für die Länder der Triade, hervorgehoben werden. Ausgehend von ehemaligen Beschränkung auf Handelsaktivitäten entwickelte sich der Inselstaat zum einem Standort der Industriefertigung mit besonderem Fokus auf einige ausgewählte Industrien. Später folgte auch der Wandel zum Standort für produktionsbezogenen Dienstleistungen mit besonders hoher Qualität. Betont werden sollten insbesondere die Finanzbranche, der Logistiksektor, die Vielzahl der repräsentativen Zentralen für die Region und der staatlich unterstütze Fokus auf Nachhaltigkeit und Zukunftstechnologien, da Singapur in dieses schon als gewichtiges Kettenglied bestehender globaler Netzwerke fungiert. Dies spricht für Singapurs Status als Global City. Verstärkend kommt hinzu, dass Singapur die Verbindung der ASEAN zu den Zentren der Weltwirtschaft, die derzeit zum größten Teil in der Triade liegen, darstellt. Auch angesichts des Aufstiegs der Volksrepublik Chinas eröffnen sich viele Chancen für Singapur, zum einen (erneut) wegen seiner strategisch höchst günstigen Lage am Ende der Straße von Malakka, an dem es den Containerumschlag nach China steuern kann, und zum anderen aufgrund der kulturellen Nähe.

IV.4   Immigration und Identität: Soziokulturelle Einflussfaktoren

Offiziellen Angaben zufolge leben 4,7 Millionen Menschen in der Republik Singapur, die zu 100% verstädtert ist. Die Bevölkerung ist zwischen 1975 und 2005 um durchschnittlich 2,2% pro Jahr gewachsen, die Aussichten für die kommenden zehn Jahre betragen jedoch lediglich jährlich noch 1,2%. Da bekanntlich über 2% jährliches Wachstum vonnöten sind, um die Bevölkerungszahl konstant zu halten, ist von einem Rückgang auszugehen, wenn nicht umgehend Gegenmaßnahmen eingeleitet werden. Die Lebenserwartung eines Singapurer wird auf 79 Jahre taxiert. Hinsichtlich der Altersverteilung ist zu erwähnen, dass der Anteil der Unter-15-jährigen von derzeit knapp einem Fünftel auf ein Achtel im Jahre 2015 sinken wird, während bei den Über-65-jährigen eine Anstieg von 8,5% auf 13,5% erwartet wird. (UNDP 2007, S. 243, 261; UNFPA 2007, S. 91; Worldbank 2007, S. 289)
Diese Werte entsprechen den Werten anderer, zumeist westlicher, Industrienationen, die ebenfalls einer Überalterung ihrer Gesellschaften entgegensehen. Staatliche Anreizprogramme für mehr Kinder sollen helfen, diese Entwicklung aufzuhalten.

Ähnlichkeiten gibt es auch zwischen der gesundheitlichen Versorgung in Singapur und den Ländern der Triade.

Hingegen ist die Lohnsituation nicht miteinander vergleichbar. Das Weltwirtschaftsforum bestätigte in seinem Bericht 2007, dass Singapur über den zweiteffizientesten Arbeitsmarkt der Welt verfügt. Zudem besagt er, dass die Arbeitslöhne in Singapur um ein beträchtliches Maß zu niedrig sind, gemessen an der Wettbewerbsfähigkeit. Dies bedeutet, dass eventuelle Lohnerhöhungen nicht zwingend zur Schmälerung der Wettbewerbsfähigkeit führen müssen. Dabei wurden die Löhne seit Mitte der 1990er um bis zu 50% erhöht, während sich gleichzeitig jedoch die Produktivität auch verbessert hat. Lag diese 1980 noch bei der Hälfte des US-amerikanischen Niveaus, ist der Wert 2005 bei 75% angesiedelt. Diese Entwicklung spiegelte sich nicht in einem entsprechenden Anstieg der Löhne Singapurs wieder, denn ein Singapurer Arbeiter verdiente 2005 mit 7,66 US-$ gerade einmal knapp ein Drittel des Stundenlohnes seines US-amerikanischen Kollegen. Dass es eine ähnlich deutliche Lohnsteigerung wie in China oder Südkorea nicht erreicht werden konnte, liegt nicht zuletzt an der traditionell strengen staatlichen Führung, die das zu starke Aufkommen von gewerkschaftlichen Begehren für Lohnerhöhungen verhindert und so einen Wettbewerbsvorteil für die Insel schaffen möchte. Zudem entspräche es nicht dem Credo, dass die gesellschaftliche Motivation zur harten Arbeit nur durch die wirtschaftliche Unsicherheit aufrechterhalten werden könne. Als Beleg kann man hier auch den hohen variablen Anteil von 86% am Stundenlohn anführen. (ILO 2007b, S. 14, 16; ILO 2007c, S. 7, 8; ILO 2007d, S. 14; ILO 2007e; Teong-Boo 1977, S. 116, 117; WEF 2007, S. 49, 59, 64)

Die Hervorhebung der Bildung durch den Stadtstaat ist also nur eine der Möglichkeiten, das für die wirtschaftliche Entwicklung notwendige Personal bereitzustellen. Die 'gesellschaftliche Spannkraft', wie sie die singapurische Führung des Öfteren bezeichnet, kann auch durch die gezielte Steuerung von Immigration gewahrt werden.

Schon seit vielen Jahrzehnten ist Singapur mit 77% Chinesen, 14% Malaien, 8% Indern und weiteren ethnischen Minderheiten ein typisches Einwanderungsland. Während die Chinesen als Händler und später, wie auch die Inder, als Arbeiter kamen, hat sich auch der Anteil der malaiischen ‚Ur'-Bevölkerung erhöht. Als regionales und globales Wirtschaftszentrum sah sich die Insel schon früher Volksbewegungen zu ihr ausgesetzt und übernahm somit die zuvor schon in mehreren, anderen Zusammenhängen erwähnte Drehscheibenfunktion auch bezüglich der Migration. Mit der wirtschaftlichen Dynamik seit Mitte des 20. Jahrhunderts hat sich auch der Zustrom der Immigranten proportional erhöht. Heute ist Pluralismus und genau kontrollierte Gleichberechtigung aller ethnischen Gruppen ein zentrales Element der Sozialpolitik, wohingegen früher die Segregation das kennzeichnende Merkmal der multikulturellen Gesellschaft auf der Insel war. Der Pluralismus kam auch als Folge der staatlich anerkannten Notwendigkeit einer Identitätsstärkung als Singapurer und manifestiert sich heute in peniblen Regelungen alltäglicher Bereiche. In der Wohnungspolitik, bei der

Religionsausübung und selbst bei der Essenskultur haben sich, mit oder ohne staatliche Lenkung, Vermischungen der verschiedenen, zumeist asiatischen, Einflüsse ergeben. Neben historischen Gemeinsamkeiten kann sich ein Zusammengehörigkeitsgefühl auch anhand gemeinsam erlebter Annehmlichkeiten oder sogar Widrigkeiten entwickeln. (Bedlington 1978, S. 58, 59; Clark 1996, S. 107Jordan 1997, S. 52, 73, 74, 88, 94; Sanyal 2005, S. 5, 6)

Analog zu den wirtschaftlichen Änderungen nach zwei tiefgreifenden Strukturwandeln hat sich in den vergangenen knapp 50 Jahren auch die Qualität der Immigration verändert. Während die Zuwanderung im Niedriglohnbereich meist aus den Anrainerstaaten oder aus Südasien stammt, versucht die Regierung Anreize für den Zustrom von hochqualifiziertem Personal weltweit zu setzen. Das Bild der multikulturellen Gesellschaft fördert sicher den Status Singapurs als Global City, da es sich als Knotenpunkt verschiedener ethnisch-begründeter Netzwerke, wie zwischen den ‚Non-Resident Indians' (NRI) oder den Exilchinesen auf der Welt, präsentiert. (Jordan 1997, S. 52, 65, 67, 94, 96, 101, 114; Menkhoff 1998, S. 13, 14) Von der so erreichten gesellschaftlichen Verbindung Singapurs zu anderen Teilen der Welt kann u.U. auch politisch und wirtschaftlich profitiert werden. Die Ansammlung von hochqualifiziertem Humankapital fördert die Volkswirtschaft sowohl direkt durch die eigene Wertschöpfung als auch indirekt durch die Attraktion weiterer sogenannter ‚High Professionals'. Entscheidend für eine Wahrnehmung als Global City ist jedoch bei der Immigration neben der Qualität, d.h. den jeweiligen Bildungsprofilen, auch die Verschiedenheit, d.h. die jeweilige Herkunft. (Sanyal 2005, S. 3, 4)

Bemerkbar macht sich die Koexistenz der verschiedenen multikulturellen Gesellschaftsteile in einer international bedeutenden Stadt durch ein städtisches Muster verschiedener ‚internationaler' und ‚lokaler' Gebiete. So gibt es Stadtteile mit vielen verschiedenen Konzernzentralen und Kongresszentren, jedoch auch die Bezirke mit der Dominanz einer ethnischen Gemeinschaft. Um globale Führungskräfte anzuwerben, und um eventuell auch den Begriff Global City zu rechtfertigen, sollte die Stadt nicht nur Wohn- und Arbeitsort, sondern auch Erlebnisraum sein. Die Lebensqualität einer Stadt ist ein zunehmend wichtiger Faktor bei der globalen Arbeitsplatzwahl. Für die einheimischen Bürger kann er als verbindendes und identitätsstärkendes Element dienen. (Braun et al 2004, S. 262; Menkhoff 1998, S. 9)

Laut David Clark vermittelt eine Global City ein Image, eine Art eigenes Lebensgefühl. Die funktionalen und strukturellen Parallelen zwischen verschiedenen Global Cities tragen dazu ebenso bei wie speziell singapurische Merkmale. Die Medien sind ein sehr wichtiger Multiplikator dieses Images, besonders wenn plakative Vermarktungselemente vorliegen, anhand welcher das Image transportiert werden kann. (Braun et al 2004, S. 263; Clark 1996, S. 120, 121, 139 - 150)

Diese können architektonischen Besonderheiten sein, wie auch ein reichhaltiges Angebot an Freizeit- und Erholungsaktivitäten. Ehemals als Handelsstützpunkt ohne historische Tradition oder besonderer Atmosphäre bekannt, versucht die Führungsriege Singapurs durch konsequente Planung, den Wandel zu einer Global City auch erkennbar machen zu machen. Diese Planung beinhaltet ein optimales Raumnutzungsmanagement für Wohn- und Wirtschaftsflächen ebenso wie den gezielten Imagewandel von der weitgehend farblosen Verwaltungsstadt zum lebenslustigen kulturellen Zentrum. Sanjeev Sanyal gebrauchte hier den Begriff des ‚urban buzz', der für ein buntes und anhaltendes städtisches Treiben steht. Im Kern dieses Wandels sollen einige große Einzelmaßnahmen stehen. Mit der Erbauung einer sogenannten ‚Waterfront' soll das Thema der ‚Weltstadt am Meer' unterstrichen werden. Auch die gezielte Ansiedlung von Freizeitlokalitäten wie Bars, Restaurants, und Nachtclubs sowie die Eröffnung eines Spielkasinos stehen auf der Liste der ausstehenden Bauprojekte, um den Freizeit- und Erholungsgehalt des Stadtstaates zu erhöhen. Das bestehende Bild der tropischen Gartenstadt soll u.a. durch neue Parks ebenfalls weiter unterstrichen werden. Das ohnehin recht gut ausgebaute Netz der öffentlichen Verkehrsmittel soll weiter optimiert werden, um die Lebensqualität der dort arbeitenden Menschen zu verbessern. Hinzu kommt auch der architektonische Futurismus, der das Stadtbild und die Skyline prägen soll und das Image einer Global City auf den ersten Blick sichtbar machen soll. Das so vermittelte Bild der Kreativität und Innovationsfähigkeit kann durch die methodische Anlockung von Investitionen der Kultur- und Medienbranche noch unterstützt werden. (Braun et al 2004, S. 262 - 267; Sanyal 2005, S. 1, 4, 6; Teong-Boo 1977, S. 17, 18)

Ziel ist nicht allein den Umbau der Stadt zu einem attraktiven, futuristischen ‚Place-to-be', sondern auch die Werbung für den Tourismusstandort Singapur. Hier spielen auch die indonesischen Inseln Batam und Bintan des Riau-Archipels eine bedeutende Rolle, da sie einen Teil der Hotels und Erholungsparks beheimaten. (Braun et al 2004, S. 262 - 267; Bunnell et al 2006, S. 8, 9, 11; SingEmb 2005, S. 2)

Als weiteres Motiv ist auch noch das Shopping zu nennen. Schon in früheren Zeiten kannte Singapur durch seine Funktion als Zwischenlager keinen Mangel an modernen Konsumgütern. Dies wiederum führte zum Wachstum des Einkaufstourismus aus der Region und zur Verbreitung des Bildes des regionalen Konsumtempels. Mit dem systematischen Ausbau dieses Bildes hofft Singapur auf weiteren wirtschaftlichen Aufschwung, zumal eines der Merkmale einer Global City seine Funktion als Konsumzentrum ist. (Jordan 1997, S. 70, 72; Sassen 2001, S. 169)

Nach Meinung der Regierung sind der Konsum und der Materialismus, beide weit verbreitet in der singapurischen Bevölkerung, der Preis für die bedingungslose Anbindung und Ausrichtung an die Weltwirtschaft. Die allgegenwärtige Verfügbarkeit standardisierter Produkte und Dienste führt zu einem gleichartigen Konsumverhalten in den verschiedenen Regionen der Welt und insbesondere in ihren jeweiligen Zentren, der zu Lasten der jeweils indigenen Kultur geht. Laut Ex-Außenminister Rajaratnam stehen der nationale

Identitätsverlust und der Verfall von Moral und Werten in Singapur bereits als Verluste zu Buche. Dadurch sieht sich die Regierung in der Pflicht, die Gesellschaft mit autoritärem Führungsstil auf die Globalisierung und auf die angepeilte Entwicklung zu einer Global City vorzubereiten. Die Vielzahl an Verboten und der dazugehörige Strafenkatalog sind ein Indiz hierfür. Trotz aller Tendenzen globaler Konvergenz erfolgt aber auch eine verstärkte Rückbesinnung auf nationale oder regionale Werte. Thomas Menkhoff bezog sich in seinem Working Paper beispielsweise auf die ‚asiatischen Werten', die in Südostasien auf dem Vormarsch sind. Einem befürchteten Identitätsverlust in Zeiten weltweit standardisierter und universell erfassbarer Phänomene so entgegenzutreten kann eine sich dahinter verbergende Hoffnung sein. Auch soll eine Stärkung des Nationalbewusstseins vorangetrieben werde. (Braun et al 2004, S. 256; Menkhoff 1998, S. 10, 11, 14 - 16)

Als Fazit ist zu sagen, dass also die multikulturelle Gesellschaft und ihr staatlich begleiteter Weg in die Zukunft unter dem Einfluss der wirtschaftlichen Entwicklung stehen. Mit Hilfe von durchdachter Planung und der autoritären Führung soll das gesellschaftliche Ziel der Erlangung und Festigung eines Global City-Status erreicht werden. Die Ausrichtung der Entwicklung nach diesem Ziel spiegelt sich auch in der Stadtplanung wider, da auch hier die Maßnahmen direkt oder indirekt der wirtschaftlichen Prosperität untergeordnet sind.

V   Zukunftsprognosen

Die Zukunft hält für Singapur, wie für alle Staaten, einige Herausforderungen bereit. Dem erbitterten weltweiten Standortwettbewerb und eventuellen Produktionsverlagerungen kann Singapur nur durch die Ausnutzung seiner strategischen Wettbewerbsvorteile und durch die Konzentration auf besonders nachhaltige Wirtschaftsbereiche entgegentreten. Die Umstrukturierung erfordert neben guten Rahmenbedingungen auch beträchtliche Kapitalinvestitionen, die sowohl aus dem Staatshaushalt stammen können als auch in Form von ausländischen Direktinvestitionen. Die Rahmenbedingungen Singapurs beinhalten neben der hervorragenden Infrastruktur für Verkehr und Telekommunikation und der politischen Stabilität und Flexibilität auch den Fokus auf Bildung und Forschung und weitere zukunftsträchtige Bereiche sowie eine hohe Attraktivität des Standorts für Investoren und hochqualifiziertes Personal.

Die Beibehaltung bzw. der Ausbau der außerordentlichen Position Singapur als regionales Logistikhub und als internationales Finanzzentrum kommt es viel Bedeutung zu, besonders wenn sowohl die ganze Region Südostasien als auch die Schifffahrtsroute durch die Straße von Malakka nach China aufgrund des wachsenden Aufkommens an Container- und Energietransporten immer wichtiger wird. Gefährdet könnte der Vorteil der günstigen geografischen Lage jedoch von den Plänen zur Errichtung einer Kanalverbindung zwischen dem Indischen Ozean und dem Südchinesischen Meer.

Die Integration in die Region Südostasien ist wichtig, da die Anrainerstaaten ebenfalls anfangen, globalisierungsbedingte Erfolge, wie z.B. vermehrte Investitionszuströme, einzufahren. In seiner Rolle als ‚Verbindungsmedium' zwischen der ASEAN und den Zentren der Weltwirtschaft könnte Singapur kurz- und mittelfristig seine neue Bestimmung finden.

Abgesehen von den traditionell guten Beziehungen zu den bisherigen Industrieländern könnte Singapur auch von seiner kulturellen Verbundenheit mit den wirtschaftlich prosperierenden Aufstiegsmächten Indien und China profitieren. Gerade die ansteigende Zahl der gegenseitigen Investitionen und Abkommen in den vergangenen Jahren sprechen hierfür.

Dank der Betonung der Flexibilität als politische und gesellschaftliche Vorbereitung auf die Zukunft sollte Singapur für die mit ihr einhergehenden Umgestaltungen gut gerüstet sein. Bestätigt wird diese Einschätzung durch die bereits erwähnten Indizes des Weltwirtschaftsforums zur Einschätzung der Wettbewerbsfähigkeit, BCI und GCI, in denen der Stadtstaat jeweils unter den Top Ten geführt wird.

VI   Fazit

Um die Frage, ob Singapur als Global City bezeichnet werden kann, umfassend beantworten zu können, soll noch einmal eine abschließende Betrachtung der Analyse auf den vorangegangenen Seiten folgen.

Die Stabilisierung der jungen Republik nach innen und nach außen sowie die Bereitstellung exzellenter Rahmenbedingungen und der gesellschaftliche Umbau gehörten dabei zu den Pfeilern der Regierungspolitik, die sich hauptsächlich der wirtschaftlichen Entwicklung unterordnet. An der traditionellen Handelsverflechtung und den späteren eingehenden Investitionen lässt sich die Anbindung Singapurs an die Weltwirtschaft genauso festmachen wie an der Einbettung in internationale Wertschöpfungsketten als Produktions- und Dienstleistungsstandort.

Die globale Bedeutung wurde nicht auf der regionalen Integration aufbauend, sondern parallel zu ihr erreicht. Da anfangs das direkte Umfeld schwierig war, suchte Singapur den schnellen Anschluss an den Rest der Welt, von dem der Stadtstaat im Rahmen der zunehmenden südostasiatischen Kooperation und internationalen Verflechtung profitierte. Unterstützend wirkte zuallererst der zuerst natürlich gegebene und später künstlich ausgebaute Vorteil der Infrastruktur, anschließend kamen verschiedene weitere Aspekte hinzu.

Der gezielte Aufbau und Förderung bestimmter Funktionen von globalem Belang, wie z.B. als Logistikdrehscheibe, Finanzplatz oder Kongressstandort, spricht somit für den Status als Global City. Weitere Global City-Merkmale in Singapur sind die starke Orientierung auf zukunftsträchtige produktionsbezogene Dienstleistungen, die Rolle als Innovationszentrum und die Vielzahl von Konzernzentralen und -niederlassungen. Beachtet werden sollte die Tatsache, dass die meisten der Zentralen lediglich regionalen statt internationalen Bezug haben. Darüber hinaus gilt Singapur, besonders bei seinen Nachbarstaaten, als Konsumzentrum. Die Immigration und die multikulturelle Gesellschaft mit den vielfältigen zeigen die Bedeutung des Inselstaats als regionaler Personalhub.

Insgesamt kann also Singapur in der Tat als Global City bezeichnet werden, da viele überregionale und globale Funktionen in der Stadt versammelt sind. Es handelt sich um eine Primärstadt, die jedoch nicht im Kernbereich der Weltwirtschaft liegt. Singapur, wie Südostasien insgesamt in der Semi-Peripherie liegend, fungiert als eine Art Verbindungselement zwischen den Industrieländern und Südostasien. Der Bedeutungszuwachs Südostasiens als Wirtschaftsraum erhöht auch das globale Ansehen Singapurs als Zentrum.

Literatur

ADB 2006
Asian Development Bank (Hrsg.) (2006): Singapore.
http://www.adb.org/documents/books/ado/2006/documents/sin.pdf (06.01.2008)

AuswärtAmt 2007a
Auswärtiges Amt (Hrsg.) (2007): Singapur. Wirtschaftspolitik. http://www.auswaertiges-amt.de/diplo/de/Laenderinformationen/Singapur/Wirtschaft.html (06.11.2007)

AuswärtAmt 2007b
Auswärtiges Amt (Hrsg.) (2007): Singapur. http://www.auswaertiges-amt.de/diplo/de/Laenderinformationen/01-Laender/Singapur.html (26.12.2007)

Bedlington 1978
Bedlington, S. (1978): Malaysia and Singapore. The building of New States. (= Politics and International Relations of Southeast Asia, Band 2). Ithaca (USA) und London (Großbritannien).

BITKOM 2006
BITKIM (Hrsg.) (2006): Jahreswirtschaftsbericht Singapur.
http://www.bitkom.org/files/documents/JWB_SGP_2006.pdf (26.12.2007)

Braun u a 2004
Braun, B./ Kraas, F./ Schüttemeyer, A. (2004): Sydney und Singapur – divergierende Entwicklungs- und Steuerungsstrategien im urbanen Konkurrenzgefüge.
In: Zeitschrift für Wirtschaftsgeographie. Jg. 48. Heft 3-4. S. 251 - 268.

Bronger 2004
Bronger, D. (2004): Metropolen, Megastädte, Global Cities. Die Metropolisierung der Erde. Darmstadt.

Bunnell et al 2006
Bunnell, T./ Muzaini, H./ Sidaway, J. (2006): Global City Frontiers: Singapore's Hinterland and the Contested Socio-Political Geographies of Bintan, Indonesia.
In: International Journal of Urban and Regional Research. Jg. 30. Heft 1. S. 3 – 22.
http://www.blackwell-synergy.com/doi/pdf/10.1111/j.1468-2427.2006.00647.x (21.11.2007)

CIA 2007
CIA World Factbook (Hrsg.) (2007): Singapore.
https://www.cia.gov/library/publications/the-world-factbook/geos/sn.html (07.11.2007)

Clark 1996
Clark, D. (1996): Urban World/Global City. London (Großbritannien) und New York (USA).

Cockcroft 1970
Cockcroft, J. (1970): Singapore - Malaysia - Brunei. Sydney (Australien).

EarthTimes 2007
EarthTimes.org (Hrsg.) (2007): Singapore in push to become an Asian water technology hub.
http://www.earthtimes.org/articles/show/152733.html (10.01.2008)

EconWatch o.J.
Economy Watch (Hrsg.) (o.J.): Singapore Economy.
http://www.economywatch.com/world_economy/singapore/index.html (09.01.2008)

Geiger 1973
Geiger, T. (1973): Tales of two city-states. The Development Progress of Hong Kong and Singapore. (= Studies in Development Progress, Band 3). Washington (USA).

ILO 2007a
International labour Organisation (Hrsg.) (2007): Key Indicators of the Labour Market – Fifth Edition. KILM 8: Unemployment. Genf (Schweiz).
http://www.ilo.org/public/english/employment/strat/kilm/download.htm (13.11.2007)

ILO 2007b
International labour Organisation (Hrsg.) (2007): Key Indicators of the Labour Market – Fifth Edition. KILM 15: manufacturing wage indices. Genf (Schweiz).
http://www.ilo.org/public/english/employment/strat/kilm/download.htm (13.11.2007)

ILO 2007c
International labour Organisation (Hrsg.) (2007): Key Indicators of the Labour Market – Fifth Edition. KILM 17: Hourly compensation costs. Genf (Schweiz).
http://www.ilo.org/public/english/employment/strat/kilm/download.htm (13.11.2007)

ILO 2007d
International labour Organisation (Hrsg.) (2007): Key Indicators of the Labour Market – Fifth Edition. KILM 18: Labour productivity and unit labour cost. Genf (Schweiz).
http://www.ilo.org/public/english/employment/strat/kilm/download.htm (13.11.2007)

ILO 2007e
International labour Organisation (Hrsg.) (2007): Key Indicators of the Labour Market – Fifth Edition (CD-ROM version). Genf (Schweiz).
http://www.ilo.org/public/english/employment/strat/kilm/download.htm (13.11.2007)

Jordan 1997
Jordan, R. (1997): Migrationssysteme in Global Cities. Arbeitsmigration und Globalisierung in Singapur. (= Südostasien: Entwicklungen – Problemstrukturen – Perspektiven, Band 7). Hamburg.

Kiese 2006
Kiese, M. (2006): Singapurs Weg in die Wissensökonomie. Die Bedeutung wissensintensiver Unternehmensdienstleistungen im nationalen Innovationssystem.
In: Zeitschrift für Wirtschaftsgeographie. Jg. 50. Heft 1. S. 17 - 30.

Kulke 2006
Kulke, E. (2006): Wirtschaftsgeographie. 2. Auflage. Paderborn u.a.

Menkhoff 1998
Menkhoff, T. (1998): Singapur – 'Asiatische' Weltstadt zwischen Globalisierung und Revitalisierung autochtoner Kulturmuster. (= Southeast Asia Programme der Fakultät für Soziologie der Universität Bielefeld, Working Paper No. 300). Bielefeld.

MPA o.J.
MPA Singapur (Hrsg.) (o.J.): Singapore, Your Maritime Partner.
http://www.mpa.gov.sg/industrydevelopment/imc/imc.htm (26.12.2007)

Petz/Schmals 1992
Von Petz, U./ Schmals, K. (Hrsg.) (1992): Metropole, Weltstadt, Global City: Neue Formen der Urbanisierung. (= Dortmunder Beiträge zur Raumplanung, Band 60). Dortmund.

Ravenhill 1995
Ravenhill, J. (Hrsg.) (1995): Singapore, Indonesia, Malaysia, The Philippines and Thailand. (=The political economy of East Asia, Band 2). Aldershot (Großbritannien) und Brookfield (USA).

Recklies 2006
Recklies, D. (2006): Die PEST(LE) Analyse.
http://www.themanagement.de/MD/Pestle.htm (05.01.2008)

Regnier 1991
Regnier, P. (1991): Singapore. City-State in South-East Asia. 2. Auflage. London (Großbritannien).

Sanyal 2005
Sanyal, S. (2005): Singapore: Asia's Global City?. Singapur.
http://www.bridgesingapore.com/Singapore%20GlobalCity%20-%20final%20mar05.pdf (07.11.2007)

Sassen 2001
Sassen, S. (2001): The Global City. 2. Auflage. Princeton (USA) und Woodstock (Großbritannien).

SingEmb 2005
Singapore Embassy (Hrsg.) (2005): Singapore 2006: Global City, World of Opportunities. Washington (USA). http://www.mfa.gov.sg/washington/Oct_Nov_05.pdf (21.11.2007)

SingStat 2007a
Singapore Department of Statistics (Hrsg.) (2007): Key Annual Indicators. Singapur.
http://www.singstat.gov.sg/stats/keyind.html#keyind (09.01.2008)

SingStat 2007b
Singapore Department of Statistics (Hrsg.) (2007): Latest Data. Singapur.
http://www.singstat.gov.sg/stats/latestdata.html (09.01.2008)

SingStat 2007c
Singapore Department of Statistics (Hrsg.) (2007): Economic Indicators. Singapur.
http://www.singstat.gov.sg/stats/themes.html#economy (09.01.2008)

Stern 2006
Stern.de (Hrsg.) (2006): Die Gesichtszüge mit Sand formen.
http://www.stern.de/lifestyle/reise/fernreisen/:Extra-L%F6wenstadt-Singapur/575152.html?eid=574120&s=0 (10.01.2008)

Teong-Boo 1977
Teong-Boo, W. (Hrsg.) (1977): The future of Singapore – the Global City. Singapur.

UNCTAD 2002
United Nations Conference on Trade and Development (Hrsg.) (2002): Transnational Corporations and Export Competitiveness. (= World Investment Report 2002). Genf (Schweiz) und New York (USA). http://www.unctad.org/en/docs/wir2002_en.pdf (13.11.2007)

UNCTAD 2006
United Nations Conference on Trade and Development (Hrsg.) (2006): FDI from Developing and Transition Economies: Implications for Development. (= World Investment Report 2006). Genf (Schweiz) und New York (USA).
http://www.unctad.org/en/docs/wir2006_en.pdf (13.11.2007)

UNCTAD 2007
United Nations Conference on Trade and Development (Hrsg.) (2007): Transnational Corporations, Extractive Industries and Development. (= World Investment Report 2007). Genf (Schweiz) und New York (USA).
http://www.unctad.org/en/docs/wir2007_en.pdf (01.01.2008)

UNDP 2002
United Nations Development Programme (Hrsg.) (2002): Deepening democracy in a fragmented world. (= Human Development Report 2002). New York (USA).
http://hdr.undp.org/en/media/complete.pdf (13.11.2007)

UNDP 2006
United Nations Development Programme (Hrsg.) (2006): Beyond scarcity: Power, poverty and the global water crisis. (= Human Development Report 2006). New York (USA).
http://hdr.undp.org/en/media/hdr06-complete.pdf (13.11.2007)

UNDP 2007
United Nations Development Programme (Hrsg.) (2007): Fighting climate change: Human solidarity in a divided world. (= Human Development Report 2007/2008). New York (USA).
http://hdr.undp.org/en/media/hdr_20072008_en_complete.pdf (01.01.2008)

UNFPA 2002
United Nations Population Fund (Hrsg.) (2002): People, Poverty and Possibilities. (= State of the World Population 2002). New York (USA).
http://www.unfpa.org/swp/2002/pdf/english/swp2002eng.pdf (13.11.2007)

UNFPA 2007
United Nations Population Fund (Hrsg.) (2007): Unleashing the Potential of Urban Growth. (= State of the World Population 2007). New York (USA).
http://www.unfpa.org/swp/2007/presskit/pdf/sowp2007_eng.pdf (13.11.2007)

WEF 2002
World Economic Forum (Hrsg.) (2002): The Global Competitiveness Report 2002-2003. Genf (Schweiz).
http://www.weforum.org/pdf/Gcr/GCR_02_03_Executive_Summary.pdf (11.11.2007)

WEF 2007
World Economic Forum (Hrsg.) (2007): The Global Competitiveness Report 2007-2008. Genf (Schweiz). http://www.gcr.weforum.org/pages/blank.aspx (13.11.2007)

Worldbank 2003
WorldBank (Hrsg.) (2003): Sustainable Development in a Dynamic World. Transforming Institutions, Growth, and Quality of Life. (= World Development Report 2003). Washington (USA).   http://www-wds.worldbank.org/external/default/WDSContentServer/IW3P/IB/2002/09/06/000094946_02082404015854/Rendered/PDF/multi0page.pdf (13.11.2007)

Worldbank 2007
WorldBank (Hrsg.) (2007): Development and the Next Generation. (= World Development Report 2007). Washington (USA).
http://www-wds.worldbank.org/external/default/WDSContentServer/WDSP/IB/2006/09/13/000112742_20060913111024/Rendered/PDF/359990WDR0complete.pdf (13.11.2007)

Zoratto 1991
Zoratto, B. (1991): Lee Kuan Yew. Ein Leben für Singapur. Stuttgart.